现代农业产业技术培训丛书

现代养鸭产业技术

农业部农民科技教育培训中心
中央农业广播电视学校
组编

中国农业大学出版社
·北京·

图书在版编目(CIP)数据

现代养鸭产业技术/农业部农民科技教育培训中心,中央农业广播电视学校组编.—北京:中国农业大学出版社,2011.7

ISBN 978-7-5655-0300-9

Ⅰ.①现… Ⅱ.①农… ②中… Ⅲ.①鸭-饲养管理 Ⅳ.①S834.4

中国版本图书馆 CIP 数据核字(2011)第 094682 号

书　　名　现代养鸭产业技术

作　　者　农业部农民科技教育培训中心
中 央 农 业 广 播 电 视 学 校　组编

责任编辑　高　欣　刘耀华　鲁　唯　**责任校对**　王晓凤　陈　莹
封面设计　郑　川
出版发行　中国农业大学出版社
社　　址　北京市海淀区圆明园西路 2 号　**邮政编码**　100193
电　　话　发行部 010-62818525,8625　读者服务部 010-62732336
　　　　　　编辑部 010-62732617,2618　出　版　部 010-62733440
网　　址　http://www.cau.edu.cn/caup　**E-mail** cbsszs @ cau.edu.cn
经　　销　新华书店
印　　刷　涿州市星河印刷有限公司
版　　次　2011 年 7 月第 1 版　2011 年 7 月第 1 次印刷
规　　格　787×1 092　32 开本　9.125 印张　195 千字
印　　数　1～5 000
定　　价　12.90 元

《现代农业产业技术培训丛书》编委会

《现代养鸭产业技术》编审人员

主　编　李玉冰　李桂伶　蔡泽川

参　编　郭成林　关文怡　周珍辉

审　稿　徐建义　张景林　朱闻军　陈肖安

内容简介

《现代养鸭产业技术》一书从现代养鸭产业化现状与发展趋势、鸭养殖投资效益分析、鸭养殖品种、鸭的繁育技术、鸭场的建设与环境控制、鸭的饲料配制、肉鸭饲养管理技术、蛋鸭饲养管理技术、番鸭饲养管理技术、鸭养殖场防疫及环境污染的预防控制、鸭羽绒生产技术和肥肝生产技术等方面，围绕现代养鸭产业生产不同阶段的特点，重点阐述养鸭优质高效产业生产的关键性技术。

本书采用问答形式，内容注重新知识和新成果，实用性与针对性强，通俗易懂，可读性强，为以养鸭为产业的农民提供了可靠的技术指导，也可以作为畜牧生产技术及管理人员的学习参考用书。

序

建设现代农业是农业发展的方向。推进现代农业建设，必须把农业的科技创新放到突出的位置，必须把农业的增长方式转移到依靠科技进步和提高农业劳动者素质的轨道上来，用现代物质条件装备农业，用现代科学技术改造农业，用现代产业体系提升农业，用现代经营方式推进农业，用现代发展理念引领农业，用培养专业农民发展农业。推进现代农业建设，必须提高农业水利化、机械化和信息化水平。为此，农业部提出了以建立农业科技创新体系作为现代农业建设的突破口的现代农业产业技术体系。

建设现代农业产业技术体系是农业技术研发与推广工作中的重大制度创新、机制创新和管理创新。农民是农业和农村经济结构调整的主体，是科学技术转化的重要载体，只有大量的科技成果最终被农民掌握，才能转化为现实生产力，才能使更多的农民适应现代农业的发展要求。

为促进农民科技培训工作的系统化、规范化、制度化，我们根据农业部领导与科教司的指示精神，组织完成了《现代农业产业技术培训丛书》的编写任务。这既是开展专业职业农民培训工作的需要，也是考核专业职业农民培训效果的标准。

《现代农业产业技术培训丛书》以培养有文化、懂技术、会经营、能示范的专业农民和农民技术员为目标，以动、植物生产环节为主线，突出了动、植物的生产、储藏、加工、销售等培训环节，强调了专业职业农民必须了解或掌握的基本知识和生产技能。《现代农业产业技术培训丛书》以技能掌握为核心，将应知的知识点融入操作实践中，用通俗、简洁的语言告诉农民“你该做什么，你该怎样做”，具有很强的针对性、实用性和可操作性。

真诚地希望这套《现代农业产业技术培训丛书》能够适合文化程度不同、学习要求不同的人使用，为建设现代农业做出新的贡献。

曾一春

2011 年 3 月

编 写 说 明

农业产业化作为农村经济体制改革的重大创新，是农业产业结构战略性调整的重要带动力量，已成为推动传统农业向现代农业转变、实现农业最大效益的必然选择。

养鸭产业是农业产业结构的重要组成部分。使农民充分认识养鸭生产产业化发展的重要意义，着眼未来，创新现在，掌握养鸭产业技术，大力发展养鸭产业合作组织，着力培育一批规模适度、效益良好、科技含量高的养鸭产业示范村、示范户或示范园，加快新技术向现实生产力的转化，已经是当务之急、大势所趋。

本书以养鸭产业技术为主线，针对当前养鸭产业现状，面向适度生产经营规模的专业农民和养鸭生产技术员，突出养鸭产业技能。主要阐述了养鸭产业现状、发展趋势及发展模式，养鸭的品种选择、饲料生产、繁育、各阶段的饲养管理技术，养鸭的保健及疫病控制技术，鸭场建设与环境控制技术以及养鸭质量安全的保障措施等，重点就养鸭产业在农民实际生产中遇到的问题提出了相应的应对措施和解决办法。

本书以问答形式向学员和读者展现了养鸭产业的各项技术和技能，该书资料翔实，通俗易懂，突出了农民教材的先进性、可读性、技术性、实用性和可操作性，既可作为养鸭产业农民的培训教材，也可作为养鸭生产技术及管理人员的参考用书。

农业部农民科技教育培训中心
中央农业广播电视学校
2011年3月

目　录

一、现代养鸭产业化现状与发展趋势

1. 何谓养鸭产业?

养鸭产业就是以市场为导向,以效益为中心,依靠龙头带动和科技进步,通过建立“公司一体化示范基地+农户”、“公司+农民专业合作社+农户”的经营模式,对养鸭生产实行区域化布局、专业化生产,实现种鸭孵化与饲养、鸭的饲养、饲料加工、免疫、屠宰、加工、冷藏及产品销售“一条龙”的生产经营、社会化服务和企业化管理模式,形成农工商一体化、产销一条龙的经营方式和产业组织形式。

2. 我国现代鸭产业是怎样起源的?

我国有着悠久的养鸭业发展史,早在大约公元前 500 年,就已经有规模化养鸭的记载。2 500 多年的养鸭历史,不但使我国拥有了丰富的养鸭生产技术与实践经验,也成就了形形色色的传统肉鸭食品,北京烤鸭、两广烤鸭、板鸭、腊鸭等传统美食享誉世界。

我国鸭产业 20 世纪 80 年代为启蒙阶段,鸭业生产仅限于一家一户,所具备工厂化养殖加工条件的企业最大宰杀量也仅达到年百万只。随着国民消费习惯的改变及国际市场对鸭产品需求量的增加，21 世纪初国内养鸭业得到快速发展，呈现出持续发展的态势，市场容量逐渐增大，鸭的饲养总量正以每年 10％～15％的速度递增，鸭加工企业（含私人作坊、小加工厂）应运而生。很多原来具有鸭肉加工技术的企业也纷纷转向鸭产品生产，行业迅速进入成长期。现在，国内外市场上鸭肉价格比较高，这主要是因为国内外消费者对畜禽产品的要求已由数量满意转变为质量满意。向低脂肪、低胆固醇、高蛋白、营养均衡、安全保健的方向发展，而鸭产品恰恰符合消费者的这种需求，市场占有率逐渐增长。据国家农业部信息中心提供的数据显示，我国鸭产品的年产值目前已突破 380 亿元，产品远销欧盟、东南亚、日本、韩国等国家和地区，养鸭业已经成为我国农村增加经济收入的支柱性产业之一。

随着我国经济的进一步发展和农村生活水平的逐步提高，鸭产品的消费市场将从城市向广大农村拓展。据中国畜牧业年鉴统计：到 2010 年，我国禽肉总产量将达到 1 600 万吨左右，按鸭肉占禽肉的 20％计算，鸭肉产量应达 320 万吨，但目前产量仅有 200 万吨，还有 120 万吨的发展空间。目前，虽然我国已出现一批肉鸭生产加工的龙头企业，但规模数量还不大。以广东省为例，2005 年出栏了 2.16 亿只肉鸭，而全省只有少数几家工厂化养殖企业出栏 500 万只，那些年出栏 2 000 只以上的小户就有 1 700 多家，均未形成规模化生产。我国是世界上第一水禽生产大国，在养鸭方面具有得天独厚的水域、地理资源等优势，其利用江、河、湖泊和鱼塘等水面放养及散养形式，仍然是肉鸭业发展的主要方式。截至目前，国家已推出了 300 多家农业产业化经营重点龙头企业。由于食品加工业关系国计民生，在“十一五”期间，鸭产业仍是我国重点发展产业，加之国家对该产业在规范、整顿的基础上给予了鼓励和政策扶持，所以从行业发展趋势来看，鸭产业发展前景广阔，属朝阳产业。

3. 我国鸭产业的发展是怎样的?

我国现代鸭产业的兴起与发展，不过是近 20 多年的事情。1980 年，世界水禽总存栏数仅为 4.17 亿只，1991 年鸭存栏量就增长至 5.24 亿只，2005 年鸭存栏量达到 11 亿只。其中，我国鸭存栏量 6.72 亿只，占世界总存栏量的 60.7%，2005 年世界肉鸭屠宰量约为 22.8 亿只，我国为 16.34 亿只，占世界总屠宰量的 71.7%。可见，我国不但是世界肉鸭第一生产大国，同时也是世界肉鸭第一消费大国。20 多年来，我国鸭产业增长速度之快甚至超过了养鸭业，大大超乎人们的预料。

鸭产业之所以有如此高速的发展，有赖于肉鸭品种的改良、饲料与营养科学的发展、疫病的综合防制以及肉鸭生产技术的改进等，也有赖于社会经济的发展和进步。著名的国际标准品种——北京鸭，曾经在世界范围内对肉鸭业发展产生深远影响。20 世纪 80 年代以后，我国曾先后引入多个含有北京鸭血统的国外肉鸭品种(如樱桃谷鸭、枫叶鸭、狄高鸭、丽佳鸭、海格鸭、奥白星鸭等)。20 多年过去了，有些品种几乎从市场上已经消失(如狄高鸭、海格鸭等)，经得起市场“考验”的品种留了下来，其中最有影响力的国外肉鸭品种是英国樱桃谷公司培育的樱桃谷鸭。如今，樱桃谷鸭已销售到世界 100 多个国家和地区。樱桃谷肉鸭由于其生长速度快，饲料转化率高等优点，已成为目前国内市场占有率最高的肉鸭品种，估计其市场份额超过50%。

4.我国养鸭业的发展有哪些优势？

(1)肉鸭和蛋鸭品种一枝独秀。我国的肉鸭和蛋鸭品种资源丰富，生产性能一枝独秀。例如，我国北京鸭驰名中外，对世界大型肉鸭品种的培育和世界肉鸭业发展贡献巨大。中国农业科学院畜牧研究所以原始北京鸭为素材经过20多年选育形成了Z形北京鸭配套系，42日龄体重达到3 226克以上，瘦肉率21%，料重比(2.2～2.3)∶1。母系种鸭70周龄的产蛋量达到220个以上。Z形北京鸭配套系于2005年12月通过国家新品种审定。

我国北京鸭1873年输入美国，1874年经美国传入英国，1888年输入日本，1925年引入前苏联，至今已遍布全世界，已成为世界各国肉鸭生产的当家品种，约占世界大体型肉鸭生产量的94%。国外对北京鸭经过多年选育，形成了各国的北京鸭品种或配套系。在众多的外国北京鸭品种(系)中，英国樱桃谷农场培育的北京鸭配套系(中国人称樱桃谷鸭)、法国克里莫公司培育的北京鸭配套系(中国人称奥白星鸭)和我国研究选育的北京鸭配套系的生产性能处于世界领先水平。但是，我国选育的北京鸭配套系保留了原始北京鸭肉质优良、细嫩的特点。表现为肌间脂肪含量高，42日龄公鸭肌间脂肪含量达到6.02%，母鸭达到5.08%，并且肌间脂肪均匀分布在肌纤维之间。而国外公司(如樱桃谷农场)选育的北京鸭配套系的肌间脂肪不均匀分布在肌束之间，含量低，42日龄公鸭的肌间脂肪平均值为4.31%,母鸭平均值为3.93%。

我国的蛋用型鸭有绍兴鸭、金定鸭、莆田黑鸭、攸县麻鸭、连城白鸭、三穗鸭、荆江麻鸭、山麻鸭、微山麻鸭、缙云麻鸭等,500日龄的产蛋量在250～330个,料蛋比(2.6～2.9)∶1,特别是绍兴鸭和金定鸭的产蛋性能特别突出。目前我国蛋鸭品种的生产性能处于国际领先水平。我国的兼用型鸭品种有高邮鸭、大余鸭、建昌鸭、巢湖鸭等,70～90日龄体重在1.5～2.0千克之间,料重比(2.8～3.2)∶1,500日龄产蛋量190枚左右,是选育小体型优质肉鸭品种的良好素材。

番鸭和半番鸭(骡鸭)具有胸肉率高、皮脂率低、肉质细嫩的特点。近年来我国的生产量迅速增长,2004年的出栏量达到2.5亿只左右,主要生产区分布于福建、台湾、广东和浙江等地。福建省2004年番鸭和半番鸭的出栏量已经达到8 000多万只。

(2)肉鸭和蛋鸭产业发展已经具备了较好的人才和技术条件。国内有30多所农业大学、100多所农业技术学院和农校,每年为国家培养了大批畜牧兽医专业人才,为养鸭业发展提供了有力的人才保障。从事鸭业生产的企业应不断从有关学校、科研单位引进专业人才,以更新观念,提高养鸭业的技术水平,促进产业发展。

我国的水禽科学研究与技术推广体系正在迅速形成,水禽遗传育种、营养与饲料、疫病控制、产品加工研究和技术落后已经引起相关部门领导的高度重视。中国农业科学院畜牧研究所和北京金星鸭业中心(原北京市农场局)在北京鸭育种方面已经合作了20多年。中国农科院畜牧所已经选育出6个具有不同特点的北京鸭品系。其中有2个父本品系、2个母本父系和2个母本母系。父本品系肉鸭6周龄体重达到3.30千克，料肉比为(2.20～2.30)∶1，胸肉率11.0%。母本母系肉鸭500日龄的产蛋量均达到220枚以上。每年向国内提供父母代肉鸭15万只。北京金星鸭业中心现存栏成年种鸭约18 000只，分为8个不同的品系，种鸭和商品代肉鸭的生产水平达到了上述指标，每年为国内提供父母代种鸭40万只。

在国内众多蛋鸭地方品种中，绍兴鸭、金定鸭、莆田黑鸭等已经开展了本品种选育和品系选育工作，并取得了显著成绩。浙江省农业科学院畜牧兽医研究所育成高产抗逆蛋鸭新品系"青壳Ⅱ号"，500日龄的产蛋量达到329个，总蛋重22.1千克，产蛋期蛋料比1∶2.6，青壳率达95%以上，产蛋期存活率99%；厦门大学选育的金定鸭500日龄的产蛋量达到280个，蛋重72克，青壳率达95%以上；福建农业科学院研究建立了莆田黑鸭育种核心群，500日龄的产蛋量达到270个，蛋重70克，料蛋比2.85∶1。在番鸭育种方面，福建农业大学和农科院已经成功培育纯合白羽番鸭品种，其与北京鸭杂交，后代为全白色。

近年来，我国的鸭营养、饲料与养殖技术研究取得了一定进展。中国农业科学院畜牧研究所在北京鸭营养需要量研究与饲料营养价值研究方面试验获得了大量数据。研究了鸭的消化生理，初步建立了鸭饲料代谢能测定方法，并对我国30种鸭常用饲料原料的代谢能值和氨基酸消化率进行了测定。研究探讨了北京鸭的基础代谢、能量和蛋白质、钙、磷、主要氨基酸的需要量、蛋氨酸与胱氨酸互作关系、可消化氨基酸理想模式等，提出了肉鸭部分营养需要量数据。浙江农业科学院、四川农业大学等在肉鸭、蛋鸭营养与养殖技术方面开展了研究工作，在鸭饲料配制技术、饲养方式改进方面取得了较大的技术进步。中国农业大学兽医医学院在鸭病研究、预防和治疗方面积累了丰富的经验。

(3)我国的养鸭产业开始进入市场竞争阶段。我国2004年肉鸭的屠宰量已经达到24亿只，蛋鸭的存栏量已经超过3亿只，鸭肉和鸭蛋市场已经出现了竞争的态势。目前，我国肉鸭和蛋鸭生产表现出多方面的特点。第一，生产和消费区域性强，集中在四川省、江苏省、福建省、浙江省、江西省、广东省、广西壮族自治区、湖南省、湖北省、安徽省、山东省、河北省等省区；小群体大规模，公司加农户的生产模式迅速扩大，大公司不断出现，产业化程度迅速提高。中国农业科学院北京畜牧兽医研究所和河北省肃宁县东风养殖公司合作建立了肉鸭生产企业，2005年的屠宰量达到800多万只。第二，各省区的龙头企业快速发展，带动了产业进步，提升了各企业的市场竞争力。第三，鸭肉和鸭蛋初级产品的生产量迅速增加，加工业和市场开发能力相对滞后，产品单一等因素将导致市场竞争力加剧。

5. 养鸭产业的发展趋势是怎样的?

(1)建立鸭良种繁育体系，分区保护品种资源。

①加强鸭良种繁育体系：这个体系应以肉鸭、蛋鸭的良种繁育中心为龙头，以中国自己的优良品种为主体，分别设立全国性和地区性的育种场、繁殖场，形成良种繁育体系。我国在肉鸭和蛋鸭方面，已投资数千万元，成套引进国外最新的配套

品系，建立了繁育中心和体系，效果十分明显。但对投入少、产出大、效益高、不需引进外国品种的养鸭业，至今没有建立繁育中心，应在21世纪初期狠抓鸭良种繁育体系的建设，尽快在全国所有商品养鸭场内，实现良种化目标。

②加强肉用鸭新配套品系的研究：进一步加强北京鸭、天府肉鸭的配套系研究攻关，继续以高效、优质、速生为目标，提高我国肉用鸭生产水平；加强骡鸭配套生产研究。用瘤头鸭作父本与家鸭（北京鸭或麻鸭）作母本进行配套杂交，杂种优势十分明显，是非常优秀的肉用鸭新产品，应加以重视和推广。

③保存优秀品种资源，防止资源流失：对已经列入《中国家禽品种志》的12个重点鸭品种，国家应作出规划，分地区实施资源保存，避免盲目杂交或资源流失。许多优秀地方鸭种资源流失的惨痛教训，应引为前车之鉴。

(2)建立大型商品生产基地，形成行业集团。我国水禽生产要采取放牧饲养与集约化饲养两种方式并存的方针。在有条件放牧的地方，应充分利用自然条件和农村的廉价劳动力，发展滩涂养鸭、稻田养鸭、江河湖泊养鸭、鸭鱼结合。这种农牧渔结合的饲养方式，在今后较长一段时期内，还要充分发挥其作用，以增加产量。

同时，在适宜水禽发展的地方，建立若干大型养鸭生产基地，实行专业化生产，系列化服务，一体化经营。形成各种行业集团，如肉鸭加工集团、水禽肥肝集团、羽绒和裘皮集团等，并注意整体效益。只有如此，才能充分发挥技术优势，使科学技术能有效地融入生产，提高商品附加值，增强国际竞争能力。

(3)研究并制定出我国鸭的饲养标准。现在的鸭饲料基本上是参考鸭的营养数据进行配制的，因鸭比鸡具有更发达的肌胃，蛋白需要量较低。因此，应通过试验研究，尽快制定出适合我国肉鸭、蛋鸭不同生长阶段的饲养标准。

(4)研究蛋鸭集约化饲养工艺。当前我国蛋鸭生产主要集中在东南沿海各省，饲养方式以放牧或圈养为主，因而在缺水低温的北部和西部地区无法推广，今后的蛋鸭生产应该贯彻集约化饲养和放牧。半放牧两条腿走路的方针，解决集约化饲养工艺。应组织攻关，在集约化饲养的房舍建筑、配套设施、品种选择、营养标准、饲养工艺、卫生防疫、环境控制等方面研究出配套技术工艺。完善蛋鸭饲养工艺不仅可以保持稳产、高产，而且饲料的转化率必将大幅度提高，还可使蛋鸭的饲养范围向北部和西部大大推进。可在产粮区直接养鸭销蛋，减少运输环节和成本。

(5)开展鸭产品深度加工，拓展国内外市场。经验证明，凡养鸭生产发达的地方，都是产后加工与销售搞得好、搞得活而发展起来的。举世闻名的北京烤鸭，促进了北京鸭良种的形成、提高与发展；江苏盐水鸭和建昌板鸭，促进了江苏高邮鸭和四川建昌鸭的发展。当前应重点抓好以下工作。

①蛋品加工业松花蛋、咸蛋、糟蛋、灰蛋是我国的传统产品，也是传统的出口商品，应继续提高质量。将鲜蛋加工成蛋粉，可作为营养方便食品。蛋黄酱国外较流行，是消费者较喜爱的一种蛋制品，它是将蛋黄油脂乳化，成为半固体食品，还可添加各种香料、调味料，形成不同的蛋黄酱系列产品。

②鸭肉制品加工除具有中国特色的烤鸭、板鸭、盐水鸭、香酥鸭、卤鸭、熏鸭等传统加工外，还可借鉴国外的经验，将鸭

胴体(背部、颈段、骨架等)通过挤压式骨肉分离机将肉纤维从筛网中挤压成禽肉浆，在挤压操作中，骨髓中大量脂肪和血红素渗入禽肉浆中，提高了产品中脂肪的含量和风味。近年来，这类产品风靡欧美市场，美国年产量 2 亿多磅，并将它成功运用到大香肠、沙拉米香肠、法兰克福香肠、熏制肉片、肉卷、肉饼、小动物食品、儿童食品、仿牛排、仿猪排等，国际市场前景广阔。

③羽绒加工业，羽绒是高级防寒保暖材料，我国每年的出口量占全世界羽绒贸易量的 1/2，近年为国家创汇已达 7 亿多美元，畅销 20 多个国家和地区，是长盛不衰的出口商品。

现存的问题是，我国的羽绒采集技术落后，大都是沿用宰杀活体后水烫法取毛，影响羽绒的产量和质量。含绒率低，弹性差，售价低。推广活体拔毛法，使一只鸭尤其是种鸭，可以连续多次取毛，既可提高羽绒产量，又可提高羽绒质量；同时进一步抓好羽绒的后加工工作，多出口羽绒制品，少出口原料，以提高羽绒的深加工附加值。

④肥肝产业是一种新型的水禽高档食品，近 20 年来增长很快。法国是全球肥肝生产第一大国，但它又是肥肝贸易大国，垄断世界肥肝市场，既从匈牙利、以色列等国进口肥肝，又向世界 100 多个国家转口肥肝。匈牙利是鹅肥肝生产大国，全部产品出口创汇，肥肝业被誉为“匈牙利的美金”。以色列国家小，人口少，但每年出口肥肝 300 多吨，被以色列人称为畜牧业中最能挣钱的行业。

我国自 1981 年试产肥肝以来，已掌握了全套生产工艺。浙江永康肥肝厂曾向日本出口鲜肥肝 11 吨，每吨售价 3.5 万美元，每吨可获净利 1.5 万美元。山东省、江苏省、湖南省等省也曾建厂试产鹅肥肝，但由于规模小，质量没有达到一定标准，终未能在西欧市场打开销路，被迫停产。近年来，广西壮族自治区、吉林省等省区已启动肥肝产业化项目。我国生产肥肝有水禽资源丰富和廉价劳动力两大优势。如国家予以适当扶持和引导，建立有竞争力的行业集团，我国有可能成为肥肝生产大国。

(6)加强应对国外技术壁垒的研究。鸭产品一直是我国外贸传统出口商品，在中国香港、日本、欧盟等市场深受消费者的欢迎。但近年来，国外官方检疫机构对进口鸭产品安全、卫生、健康的检验检疫要求越来越高，已影响到我国鸭产品的正常出口。我国已于 2001 年 12 月正式加入 WTO，为了保持和扩大对外出口，应加强研究出口鸭产品的应对措施。

①出口鸭产品生产加工企业应建立自控体系，按国际食品卫生的通用要求，从企业卫生质量管理、设备设施建设、宰前宰后检验、原料来源控制等方面建立企业食品生产的安全体系。同时应积极申请对国外卫生注册，只有获得进口国的卫生注册，才能取得进入该国市场的准入证。有条件的企业要按 ISO9000、HACCP 来进行管理，有助于对国外卫生注册。

②完善我国疫病防疫体系，控制好动物疾病要充分发挥畜牧部门、大专院校、科研单位的力量，在饲养中注重疫病防制，从源头上控制好疫病，并注重动物及动物源食品残留监控。企业要按规定合理用药，严格执行规定的停药期。管理部门要加强激素、添加剂、重金属的使用管理和检测，确保我国生产的产品不因理化残留超标而影响产品出口。

③充分利用动植物卫生检疫措施(SPS)协议，冲破其他

国家对我国鸭产品设置的贸易壁垒，世界发达国家都把动物检验检疫作为技术壁垒，以保护本国动物生产者的利益。我国应利用 WTO 成员的身份，广泛参与其各项活动，如参与检验检疫标准的制订，了解各成员之间如何设置技术壁垒，以及如何解决这些贸易争端，不断积累经验，打破贸易壁垒，为出口创汇服务。

二、鸭养殖投资效益分析

6. 我国养鸭产业有哪些特点?

我国目前的鸭养殖业表现为三大特点。其一,多种饲养方式并存;其二,公司经营、公司加农户经营与农户个体经营方式并存;其三,饲养的鸭品种呈现多样化。

我国目前的鸭养殖业存在多种饲养方式,主要有放牧饲养、全舍饲饲养和半舍饲饲养。放牧饲养是我国肉鸭的传统饲养方式,包括草地散养、林地散养、稻田散养、湿地散养、浅水放养等。尽管放牧能够节省精料,降低生产成本,但是饲养周期长。随着现代肉鸭生产的规模化、工厂化,肉鸭生长速度加快,饲养周期缩短,饲养方式也由放牧饲养或半放牧饲养转变为舍饲饲养。舍饲饲养主要有网上平养、地面垫料平养、网上和地面结合饲养。网上饲养是一种新型的饲养方式,不设运动场、不设游泳池、不用垫料,全期在网上饲养,肉鸭能在网上觅食、饮水和排泄,发病率低。这种方法省料、省工、省时、增重快。

公司加农户生产模式是我国肉鸭养殖业发展的特点之一,对发展农村经济发挥着重要作用。公司集种鸭养殖、商品鸭孵化、饲养、饲料、屠宰加工及产品销售于一体,与农户签订养殖生产协议,由公司统一提供雏鸭、饲料及相关的生产技术，并回收农户养成的能够屠宰上市的活鸭，进行屠宰、加工和销售。农户按照公司的技术要求，利用自己的人力和设施，专门从事肉鸭养殖活动。

7. 为什么要发展养鸭公司与农户的联合饲养?

公司加农户生产模式是我国鸭养殖业发展的特点之一，对发展农村经济发挥着重要作用。公司集种鸭养殖、商品鸭孵化、饲养、饲料、屠宰加工及产品销售于一体，与农户签订养殖生产协议，由公司统一提供雏鸭、饲料及相关的生产技术，并回收农户养成的能够屠宰上市的活鸭，进行屠宰、加工和销售。农户按照公司的技术要求，利用自己的人力和设施，专门从事肉鸭养殖活动。公司加农户的经营模式打造合作经济联合体，降低了养殖户的经营风险，同时也减少了公司的经营成本，公司与养殖户形成了利益共同体，取得双赢效果。

(1)统一供应鸭苗。公司根据会员的全年生产计划安排，优先优价向会员提供优质健康的鸭苗，并直接送到农户家中，避免了养鸭户到市场购买到劣质的、翻代的和带病的鸭苗，避免了由于市场价格变化对种鸭场和养殖户造成的风险。从而使种鸭场的鸭苗销售和养鸭户的鸭苗供应及质量、价格都得到了可靠的保证。

(2)统一供应饲料。饲料作为饲养过程中最大的投入品，约占养殖成本的70%，饲料价格的高低和质量好坏，直接影响着农户的养殖经济效益。养殖业每年需要鸭饲料的数量比较大，对饲料生产企业有较大的吸引力，养殖企业在对众多的饲料生产厂家进行考查的基础上，以投标的方式选择最佳的饲料生产企业,在保证饲料质量的前提下,按每吨让利 50 元让利于协会,协会会员每年可节约饲料成本 100 万元,同时饲料质量也得到了可靠的保证。

(3)统一进行技术指导和疫病防治。每年定期举办养鸭和疫病防治的技术培训,对会员进行技术培训,提高会员的养殖技术水平;根据肉鸭生长季节,定期对养殖专业户进行巡回技术指导,解决会员和广大养殖户在生产中遇到的各种技术难题。使养鸭业形成了规模化、集约化生产。同时协会开设了肉鸭疫病诊断门市,聘请专家教授和有丰富实践经验的兽医技术人员为养鸭户提供疫病诊断和技术咨询指导服务,帮助他们制定科学的免疫、消毒程序和防治方案,优惠供应各种疫苗、兽药和消毒药物。

(4)按照无公害生态鸭生产技术规程统一进行标准化生产。为建立无公害生态鸭生产基地,严格按照无公害生态鸭饲养管理准则、无公害生态鸭饲养用药使用准则、无公害生态鸭饲养兽医防疫准则的要求指导各养鸭专业户进行标准化生产,并建立健康养殖档案,对生产过程中投入的畜牧生产资料(如兽药、疫苗、饲料等)进行逐项登记,以保证在生产过程中达到绿色无公害标准。

(5)统一协调价格进行销售。充分利用自己的网络、市场和信息优势,为会员及时准确地提供各种供求信息。在肉鸭销售过程中,协会代表会员与各肉鸭加工企业、超市和烤鸭店等签订肉鸭供销协议,统一协调价格进行销售,一方面保证了肉鸭加工企业、超市和烤鸭店的货源和肉鸭品种质量;另一方面帮助养鸭户销售了商品肉鸭,同时避免了市场价格的波动对双方造成的损失。通过协会在市场与农户之间的中介桥梁纽带作用，使农户的商品顺利快捷地进入市场，减少销售费用，让农户从中获得实惠。会员通过协会了解市场信息，把握市场需求，降低了农产品进入市场的成本，减少了流通不畅造成的经济损失，提高了农民的进入市场的组织化程度，较好地实现了小生产和大市场的对接。

(6)分场(户)进行独立核算。协会本着自愿互利、自主经营、独立核算、自负盈亏、利益共享、风险共担的原则进行运作。协会的种鸭场、孵化厂、饲料门市、兽药门市以及各养鸭专业户都实行独立核算；协会的活动经费由各会员按照生产经营的产值和效益按一定比例交纳会费，协会为会员提供技术服务、产、供、销信息，同时作为企业与会员之间的中介和桥梁帮助会员销售商品。通过协会的中介桥梁作用，把千家万户的小生产与千变万化的大市场联系起来，拓展了农民与市场的联系，解决了小生产与大市场的矛盾，进而促进了农户生产成本的降低，巩固了农户在市场经济中的主体地位，增加了农户的收入。

8.农户如何顺利养鸭？

近几年随着鸭产品在市场上走俏，我国的养鸭业也开始不断升温，这主要是因为国内外的消费者对畜禽产品的要求已向低脂肪、低胆固醇、高蛋白、营养均衡、安全保健方向发展，而鸭产品恰恰符合了消费者的需求，鸭产品的市场占有率也在逐渐增长，因此，越来越多的农户已把养鸭作为自己首选的致富项目。虽然说养鸭的市场前景看好，许多养殖户也靠养鸭挣了钱，但是要想真正养好鸭可并不是一件容易的事。

需要从以下几个方面着手准备，才能保证养殖户的养殖效益。

(1)**考察好市场的需求。**要看所在的地区是否有鸭子加工的龙头企业来消化鸭的产品，如果没有，鸭子的销路问题就很难解决，最后造成产品积压，鸭子价格下降，养鸭效益就无法得到保证。同时要看当地或周边地区是否有鸭子的消费潜力。在我们国家鸭子本身属于滋补食品，对人类的健康各方面都是比较好的，但是因为生活习惯和饮食习惯的原因，需要通过某些方式去宣传和引导这种消费，才能提高产品的销量。

(2)**选择合适的品种。**我国鸭子品种资源非常丰富，不仅有肉鸭、蛋鸭品种，而且还有肉蛋兼用型品种。那么农民朋友就应该根据市场的需求来选择即具有市场潜力又符合当地消费者饮食习惯的品种。目前我国鸭子品种比较多，所以要想提高养殖效益，选择真正适销对路的品种是非常重要的。农户选择养鸭品种，最好的方式是能和当地鸭产品加工龙头企业联合，采取“公司＋农户”的形式，由龙头企业提供种鸭，农民来饲养然后企业负责回收，这样农民的养殖效益才能得到很好的保障。

(3)**注意养殖环节。**首先改进养殖方式能够提高养鸭的经济效益，养鸭传统的养殖方式是散养，这种散养对环境危害相对比较大；如果把散养完全变成舍饲，饲料消耗量大，增加了养殖成本，所以最好的方式是舍饲加放养相结合，既能改善环境，又能提高养鸭的经济效益。其次还要注意提高饲养技术，降低饲料费用等养殖成本，因为饲料成本占整个养殖成本的75%，降低饲料成本，养鸭的利润空间将会增加。要降低饲料成本，一要考虑鸭子的采食量，二要结合当地实际情况选择饲料，发展种草养鸭，节省其他饲料，从而降低鸭子的养殖成本。此外，提高育雏的技术水平，保证雏鸭的成活率，重视鸭群疫病防治，也是养殖户提高经济效益的重要环节。

9. 哪些因素制约养鸭产业化生产？

(1)传统肉鸭和蛋鸭品种不能满足产业化生产的需要。 我国的肉鸭品种包括系列北京鸭、番鸭和多个肉蛋兼用型品种。北京鸭的本品种选育和品系选育工作始于20世纪80年代，其生产性能包括生长速度、饲料转化率和瘦肉率等指标，已经和英国樱桃谷农场、法国克力莫公司、美国枫叶公司培育的北京鸭配套系处于相同水平。但是，这种大体型肉鸭品种(包括外国公司培育的北京鸭配套系)均不能满足我国市场的需求。表现为沉积脂肪能力强、胸腿肉率低、皮脂率高、过肥、适宜制作烤鸭或分割鸭。在制作我国传统肉鸭食品如咸水鸭、樟茶鸭、酱鸭等时，品质较低，适口性差；我国市场需要大量的胸腿肉率高、肉质好、活体重在2.0～2.5千克的高饲料转化效率的肉鸭品种。北京鸭系列品种为大体型肉鸭品种，在30日龄时体重已经达到2.0～2.3千克，但胸肉重仅有20克左右，胸肉率约2.5%，充分表现出瘦肉率低的"空壳"特性，不能满足国内市场需要。培育小体型优质肉鸭新品种(系)，建立繁育体系在我国肉鸭市场上具有广阔的前景。我国的兼用型鸭品种生长速度慢、饲料转化效率低，需要改进和提高。另外，随着我国养鸭业迅速发展，养殖密度已经大幅度提高，疾病危害更加严重，培育优质、抗病力强的肉鸭新品系十分重要。

我国的蛋鸭品种资源丰富，繁殖性能高。如绍兴鸭 500 日龄的产蛋量能够达到 330 个，金定鸭能达到 280 个。但是，绍兴鸭、金定鸭等品种性成熟晚、饲料转化效率低、抗病力弱。我国蛋鸭市场更需要育成期短、性成熟早、产蛋量高、饲料消耗少、抗病力强的蛋鸭新品系。同时，青壳蛋蛋壳较厚、干物质含量相对较高，深受国内外消费者欢迎。我国其他蛋鸭品种的本品种选育、品系选育和配套系杂交利用缺乏系统研究，个体生产性能差异大，遗传潜力尚未得到充分发挥。因此，青壳蛋鸭品种选育、早熟高产抗逆蛋鸭新品系(种)选育及其健康养殖技术研究工作将促进我国蛋鸭业快速发展。

(2)饲养方式落后。我国的肉鸭养殖业主要采用低投入、开放式大棚生产模式。农村家庭庭院大棚分散饲养占全国总饲养量的 90%，基础设施和设备非常简陋，饲养环境差，养殖技术落后。庭院式饲养以地面平养为主，部分养殖户采用网上平养，鸭病交叉感染十分严重，药物使用非常普遍、频繁、严重，产品卫生、安全不能得到保障。因此，改进肉鸭饲养方式将促进产业全面升级。

我国的蛋鸭养殖一直沿用传统的水域放牧、半放牧饲养方式。这种饲养模式存在以下弊端：第一，蛋鸭活动的水域可能受到不同程度的工业或民用水污染。同时，蛋鸭活动严重污染周边水域。因此，放牧无法保证蛋鸭饮水和采食安全，更不利于疫病预防和控制，容易造成疫病扩散和蔓延，严重影响蛋鸭健康及产品安全；第二，传统养殖模式下蛋鸭直接将蛋产在地面，易造成鸭蛋被粪便污染，污染率约为 90%，降低鸭蛋品质；第三，占用水面及土地资源多，对水域环境的依赖程度高，资源利用率低；第四，不能对粪便进行资源化和无公害化处理，造成环境污染问题。据有关资料报道，我国畜禽粪便年产生量约为 1 713 亿吨，是工业废弃物的 2.7 倍。其中，氮排放量约为 1 597 万吨，磷排放量约为 363 万吨。随着我国蛋鸭饲养集约化程度的提高，粗放式的饲养方式将对我国水资源与环境构成威胁，并最终成为阻碍蛋鸭业可持续发展的瓶颈。所以，改变传统的饲养方式势在必行。蛋鸭笼养、室内散养等模式可能是更适宜的饲养模式。

(3)鸭饲料营养研究滞后。我国对肉鸭、蛋鸭生理生化、营养、饲养及饲料配制技术的研究较少，也欠深入；饲料配制缺乏科学依据，资源浪费严重。国内企业配制水禽日粮仅参考美国 NRC(1994)制定的家禽营养需要量标准或依据经验配制。但是美国 NRC 推荐的鸭饲养标准数据来源于鸭饲养标准，误差较大，不能用于实际生产。例如，NRC(1994) 推荐的 3～7 周龄肉鸭日粮的能量、蛋白质需要量分别为 3 000 千卡/千克(1 卡＝4.186 8 焦耳)和 16.0%，能蛋比为 187.5∶1，日粮的蛋白质水平较低，不利于肉鸭生长，易引发肉鸭啄羽等发生；肉鸭 0～2、3～7 周龄的钙、磷需要量分别为 0.65%、0.65% 和 0.40%、0.30%，钙、磷的需要量数据偏低，易导致肉鸭软骨症发生；肉鸭 0～2、3～7 周龄日粮的蛋氨酸、赖氨酸需要量分别 0.40%、0.30%和 0.90%、0.65%，上述数据较低，将显著抑制肉鸭生长，降低饲料转化率；国内外关于肉鸭微量元素 Cu、Fe、Mn、Zn、Se、I、Co、Cr 等的需要量及维生素 A、维生素 D、维生素 E、维生素 K、烟酸、核黄素、胆碱和叶酸等需要量研究报道很少，NRC 推荐的数据量十分有限。因此，深入研究并制定中国肉鸭、蛋鸭饲养标准已经迫在眉睫。

(4)鸭疾病防疫体系不健全。疾病对我国鸭的养殖业危害十分严重。一方面疾病危害鸭健康，降低鸭的生产性能和养殖业的经济效益；另一方面给食品安全性带来隐患，危害人类健康。能否严格控制疾病已经成为我国鸭养殖业能否健康发展、鸭产品能否进入国际市场的关键。但是我国现行饲养模式粗放，不利于鸭疫病的预防与控制。更值得注意的是：我国大部分从业者对家禽疾病存在严重的错误认识，即“重治轻防”，对防疫认识不足，重视不够，存在侥幸心理。近年来，禽流感、小鸭肝炎、鸭浆膜炎、大肠杆菌等疾病已经给我国的养鸭业造成重大经济损失。两年来，全球已有 27 个国家发生 H5N1 禽流感病例，约 1.5 亿只禽鸟因禽流感死亡，造成直接经济损失高达 30 亿美元。在 2005 年，我国为防控禽流感扑杀家禽多达2 257.12 万只，政府对扑杀家禽给予的财政补贴达到 2 亿多人民币。我国肉鸭年出栏量约 24 亿只，成活率平均按 95%计算，每年因疾病死亡造成的直接经济损失可达到 18 亿元，因疾病引起的生产性能下降、兽医卫生开支加大和其他经济损失难以估量。因而，需要建立科学的家禽疾病预防体系，坚决贯彻以“预防为主，防重于治”的方针。为了阻断病原微生物（细菌、病毒、真菌、寄生虫等）的侵入，应在科学免疫的基础上，提高鸭的生活环境质量、卫生水平、饲料品质和饮水安全；加强对设施、工具的清洁和消毒；及时无害化处理粪便、垫料和废弃物等。

(5)**饲料安全体系与产品安全体系不健全。**饲料是人类的间接食品，其安全性关乎人类健康。近年来，生产者为了提高动物的生产水平和饲料转化效率、降低饲料成本等，在畜禽饲料中广泛使用肉骨粉、油脂等动物性饲料；滥用抗生素、化学合成药物、砷制剂等生长促进剂；造成危害人畜健康和食品安全的事件多次频繁发生。如:疯牛病事件、盐酸克伦特罗事件、二噁英事件、霉菌毒素中毒事件等,给有些国家和地区造成了严重的社会动荡和经济损失。如今,食品安全问题已经引起了全球关注,这对中国鸭产品进入国际市场提出了挑战。2006 年 11 月 12 日,CCTV 新闻频道每周质量报告栏目报道:河北省安新县(白洋淀)生产的红心鸭蛋含有高剂量(5.4 毫克/千克)的具有高度致癌作用的工业染料——“苏丹红”。目前药物残留和疫病控制问题已经成为我国家禽产品出口的主要障碍,影响了养鸭业的发展。众所周知,日本自 1990 年以来一直对我国出口的禽肉产品实施严密监测,近 2 年来监测的力度和范围更大。虽然我国已经制定了部分标准,如无公害食品、肉鸭和蛋鸭饲养技术规范、兽医防疫准则等,但尚不完善。我国应借鉴发达国家家禽生产工艺及技术、有毒有害成分检测技术、兽药使用法规与标准、产品标准等,进一步完善我国的有关标准和法规,并严格执行。

在肉鸭和蛋鸭生产过程中,应严格禁止使用国家严禁使用的各种兽药;禁止将抗生素、有机砷制剂等有毒有害物质作为饲料添加剂使用;严格遵守国家有关屠前停药期的规定,以免药物残留超标。

(6)产品深加工水平有待提高。我国是鸭产品的生产大国。但是,目前国内市场上鸭肉、鸭蛋产品结构单一,高级加工产品少,名牌产品少。同时产品包装工艺落后,影响了产品原有风味,缩短了产品保质期,制约了鸭业发展。而产品深加工能够增加产品品种,延长产品保存期,提高产品的附加值,有利于扩大产品销售量,提高经济效益;其次,深加工还可变废为宝,提高鸭初级产品利用率,充分挖掘禽体的经济价值。

我国的饮食文化源远流长，民间存在多种美味的鸭肉、鸭蛋传统加工工艺。为了不断满足消费者的需求，如何将民间已经存在的鸭肉、鸭蛋加工方法转变为工业化生产，将极大地丰富我国鸭肉和鸭蛋食品的种类。

(7)市场信息系统有待建立完善。信息是生产力。充分发挥信息对肉鸭、蛋鸭生产经营管理的作用十分重要。目前，我国肉鸭蛋鸭生产、加工、销售、流通、消费等信息体系尚未形成，农户和小规模生产者获得信息的渠道十分有限，难以准确判断评估市场的供求关系、风险、生产成本和收益，往往造成盲目生产、销售困难重重、经济损失惨重。市场信息体系能够帮助生产者了解国内外鸭肉、鸭蛋产品的供求关系、贸易水平、价格变动趋势、产品品质要求、相关产业动态，以指导生产经营者制订生产计划，避免盲目生产造成损失。

10. 养鸭产业投资的生产成本费用有哪些?

生产成本是衡量生产活动最重要的经济尺度。鸭场的生产成本反映了生产设备的利用程度、势动组织的合理性、饲养技术状况、鸭种生产性能潜力的发挥程度，并反映了养鸭场的经营管理水平。鸭场的总成本主要包括以下几部分。

(1)固定成本。养鸭场的固定资产，包括各类鸭舍及饲养设备、孵化室及孵化设备、运输工具及生活设施等。固定资产的特点是使用年限长，以完整的实物形态参加多次生产过程，并可以保持其固有的物质形态，只是随着它们本身的损耗，其价值逐渐转移到鸭产品中，以折旧方式支付。这部分费用和土地租金、基建贷款、管理费用等组成鸭场的固定成本。

(2)可变成本。可变成本用于原材料、消耗材料与工人工资之类的支出,随产量的变动而变动。因此,称之为可变成本。其特点是参加一次生产过程就被消耗掉,例如,饲料、兽药、燃料、垫料、雏鸭等成本。

(3)常见的成本项目。

①鸭苗成本:指购买种鸭苗或商品鸭苗的费用。

②饲料费:指饲养过程中消耗的饲料费用,运杂费也列入饲料费中。这是鸭场成本核算最主要的一项成本费用,可占总成本的60%~70%。

③工资福利费:指直接从事养鸭生产的饲养员、管理员的工资、奖金和福利费等费用。

④固定资产折旧费:指鸭舍等固定资产基本折旧费。建筑物使用年限较长,15年左右折清;专用机械设备使用年限较短,7~10年折清。固定资产折旧分为两种,为固定资产的更新而增加的折旧,称为基本折旧;为大修理而提取的折旧费称为大修折旧。计算方法如下:

每年基本折旧额=(固定资产原值-残值+清理费用)/使用年限

每年大修理折旧额=(使用年限内大修理次数×每次大修理费用)/使用年限

⑤燃料及动力费:指用于养鸭生产、饲养过程中所消耗的燃料费、动力费、水费与电费等。

⑥防疫及药品费:指用于鸭群预防、治疗等直接消耗的疫(菌)苗、药品费。

⑦管理费:指场长、技术人员的工资以及其他管理费用。

⑧固定资产维修费：指固定资产的一切修理费。

⑨其他费：不能直接列入上述各项费用的列入其他费用内。

11. 如何粗算养鸭生产的销售收入盈亏？

经济核算的最终目的是盈利核算，盈利核算就是从产品价值中扣除成本以后的剩余部分。盈利是鸭场经营好坏的一项重要经济指标，只有获得利润才能生存和发展。盈利核算可从利润额和利润率两个方面衡量。

利润额是指鸭场利润的绝对数量。其计算公式如下：

利润额：销售收入＝生产成本－销售费用－税金

因各饲养场规模不同，所以，不能只看利润的大小，而要对利润率进行比较，从而评价养鸭场的经济效益。

利润率：是将利润与成本、产值、资金对比，从不同的角度相对说明利润的高低。

农户养鸭一般不计生产人员的工资、资金和折旧，除本即利。即当年总收入减去直接生产费用后剩下的便是利润，实际上这是不完全的成本、盈利核算。

12. 怎样计算父母代种鸭的投入与产出？

(1)假设条件。某农户购进父母代种雏鸭母鸭 1 100 只，公鸭 300 只；育雏期末存栏母鸭 1 050 只，公鸭 250 只；育成期末存栏母鸭 1 000 只，公鸭 200 只。饲养周期 1.5 年。每只种母鸭提供 180 只雏鸭，鸭苗价格 2.5 元/只。淘汰鸭每只体重 2.5 千克，价格 6 元/千克。产蛋期死亡率 7%，死淘鸭处理价每只 6 元。

鸭舍投资 9.6 万元，使用寿命 15 年，残值为 0；设备投资 1.5 万元，使用寿命 15 年，残值为 0。每年的维修费 2%。饲料周转资金 8 万元。

饲料消耗：育雏期 3 千克/只，育成期 23.5 千克/只，产蛋期 100.4 千克/只。

饲料价格：雏鸭料 1.8 元/千克，育成鸭料 1.4 元/千克，产蛋鸭料 1.7 元/千克。

(2)成本计算。

①鸭苗款：1 400 只×7 元/只=0.98 万元。

②饲料费：

育雏期　1 400 只×3 千克/只×1.8 元/千克=0.756 万元。

育成期　1 300 只×23.5 千克/只×1.4 元/千克=4.277 万元。

产蛋期　1 200 只×100.4 千克/只×1.7 元/千克=20.481 6 万元。

共计 25.514 6 万元。

③工人工资和福利费。工人 3 名。

工资：3 人×500 元/(月·人)×18 月=2.7 万元。

福利：3 人×150 元/(年·人)×1.5 年=0.067 5 万元。

共计：2.767 5 万元。

④水、电费：0.07 万元。

⑤防疫费:0.1 万元。

⑥固定资产折旧费:

鸭舍折旧:(9.6 万元—0)÷15 年×1.5 年=0.96 万元。

设备折旧:(1.5 万元—0)÷15 年×1.5 年=0.15 万元。

鸭舍和设备维修费:(9.6+1.5)万元×2%×1.5=0.333 万元。

共计 1.443 万元。

⑦资金占用利息:(9.6+1.5+8)万元×8%(年息)×1.5=2.292 万元。

⑧管理费:4 万元。

⑨其他费用:1 万元

总成本:①+②+③+④+⑤+⑥+⑦+⑧+⑨=38.167 1 万元。

(3)产出部分。

①销售鸭苗收入:1 000×180×2.5 元=45 万元。

②销售死淘鸭收入:1 200×7%×6 元=0.050 4 万元。

③销售淘汰鸭收入:1 000 只×2.5 千克/只×6 元/千克=1.5 万元。

总收入 46.550 4 万元。

(4)效益分析。

①年利润额:46.550 4 万元—38.167 1 万元=8.383 3 万元。

成本产出率:46.550 4÷38.167 1×100%=121.96%。

成本利润率:(46.550 4—38.167 1)÷38.167 1×100%=21.96%。

资金利润率：(46.550 4－38.167 1)÷(9.6＋1.5＋8＋2.292)×100％＝8.383 3÷21.392×100％＝39.19％。

②投资利润率：年利润额÷基本建设投资总额×100％＝8.383 3÷(9.6＋1.5)÷1.5×100％＝50.35％。

注：种鸭的周期为1.5年，8.383 3万元是1.5年获取的收入，8.383 3÷1.5代表一年的纯收入。

13. 影响养鸭产业生产经济效益的因素有哪些？

(1)种鸭生产性能参差不齐。我国种鸭场数量少、规模小、生产设施简陋，育种手段落后，技术人员匮乏，导致供种能力不足，生产性能不稳定。一部分种鸭场不按制种体系制种，大量使用商品鸭留种，致使生产水平达不到应有的标准。一些商品鸭场不够重视鸭的良种繁育体系的建立，良种推广工作进展缓慢，严重地影响了规模化养鸭生产的健康发展。

(2)饲料的配制和使用不合理，生产成本较高。饲料配方不合理，蛋白质偏低，能量偏高。采购饲料时会导致饲料浪费，造成生产成本增加。

(3)鸭场规划不合理，不利于防疫。鸭的传染病对养鸭业的危害是巨大的。但是有些养殖户对鸭病预防重视不够，鸭场建在村边、路旁或是责任田中，没有规划，布局不合理。养殖场之间距离太近，堆积的粪便污染环境，一旦某个养殖场发生传染病，疫情很难控制，常造成较大的经济损失。鸭舍设计、建筑不合理，不利于防疫，不利于鸭群周转。

(4)鸭肉、鸭蛋的药物残留有的超标。有的养殖户因为饲养环境差，鸭病不断，长期将抗菌药物添加在饲料和饮水中。有的甚至“3天不用药，夜里睡不着”。滥用药物的结果，不但使敏感病原体产生耐药性，而且容易造成肉、蛋产品药物残留超标，使消费者不能放心购买，影响了鸭产品的销售。

三、鸭养殖品种

14. 鸭的生物学特性有哪些?

(1)早熟。一般麻鸭 16～17 周龄开始产蛋,北京鸭 20 周龄开始产蛋,樱桃谷肉鸭和狄高鸭 26 周龄开始产蛋。

(2)繁殖力强。蛋用品种一年可产蛋 280～300 枚,肉用品种一年可产蛋 140～200 枚,兼用品种一年可产蛋 160～180 枚。如果以受精率,孵化率各 80%,育雏率为 95%计算,则一只蛋用品种的母鸭一年可以繁殖 170～181 只鸭,一只肉用品种的母鸭一年可以繁殖 84～121 只鸭,一只兼用品种的母鸭一年可以繁殖 99～108 只鸭。

(3)生长快。北京填鸭 56 日龄体重可达 3 千克,樱桃谷肉鸭 49 日龄体重超过 3 千克,狄高肉鸭 56 日龄体重达 3.5 千克。

15. 鸭的行为习性有哪些?

(1)喜水、合群。鸭喜欢在水中寻食,嬉戏,求偶交配,且合群性强,适于放牧饲养或圈养。

(2)喜欢杂食。鸭的嗅觉、味觉不发达,对饲料的味道要求不高。不论精、粗饲料或青饲料,还是昆虫、蚯蚓、鱼虾等都可作为鸭的饲料。可以充分利用江河，湖泊、水塘等天然牧地养鸭。

(3)**耐寒性强。**在较好的饲养条件下，即使冬、春季节气温较低时，也不影响产蛋和增重；但耐热性较差，夏季开始不久就逐步换羽停产。

(4)**生活有规律。**鸭的反应灵敏，容易接受训练和调教。一天之中的放牧，觅食、嬉水、休息、交配和产蛋等都可以形成一定的时间规律，这种规律，一经形成就不易改变。放牧时，上午一般以觅食为主，间以嬉水和休息；中午一般以嬉水、休息为主，稍事觅食；下午则以休息为主，间以嬉水和觅食；交配活动则多在早晨和黄昏嬉水时进行；产蛋活动则集中在下半夜进行，产蛋旺季一般在春季，夏季则开始换羽，逐步停产。

(5)**无就巢性。**鸭经过人类的长期驯化、选育，已丧失了就巢的本能，因此无孵化能力，需要实行人工孵化和育雏。

16.肉用型鸭品种有哪些？其特性是怎样的？

(1)**北京鸭。**

①产地与分布：北京鸭是世界上最优良的肉鸭品种。北京鸭原产于我国北京近郊，其饲养基地在京东大运河及潮白河一带。后来的饲养中心逐渐迁至北京西郊玉泉山下一带护城河附近。北京鸭在我国除北京、天津、上海、广州饲养较多外，全国各地均有分布。于 1873 年输入美国，1874 年自美国转输入英国后，很快传入欧洲各国。北京鸭 1888 年输入日本，1925 年输入前苏联，现在已遍及世界各地。

②外貌特征:北京鸭体型硕大丰满,挺拔强健。头较大,颈粗;中等长度;体躯呈长方形,前胸突出,背宽平,胸骨长而直;两翅较小,紧附于体躯两侧;尾羽短而上翘,公鸭尾部有2～4根向背部卷曲的性指羽。母鸭腹部丰满,腿粗短,蹼宽厚。喙、胫、蹼为橙黄色或橘红色;眼的虹彩蓝灰色;雏鸭绒毛金黄色,称为“鸭黄”,随着日龄增加颜色逐渐变浅,至4周龄前后变为白色羽毛。

③繁殖性能如下。

产蛋量:产蛋量较高。选育的鸭群年产蛋量为200～240个,蛋重90～95克。蛋壳白色。

繁殖力:性成熟期150～180日龄。公母配种比例为1∶(4～6),受精率90%以上。受精蛋孵化率为80%左右。一般生产场一只母鸭可年产80只左右的肉鸭苗。

④产肉性能:雏鸭体重为58～62克,3周龄体重1.75～2.0千克,9周龄体重2.50～2.75千克。商品肉鸭7周龄体重可达到3.0千克以上。料肉比为(2.8～3.0)∶1。成年公鸭体重3.5千克,母鸭3.4千克。

北京鸭填鸭的半净膛屠宰率公鸭为80.6%,母鸭81.0%;全净膛屠宰率公鸭为73.8%,母鸭74.1%;胸腿肌占胴体的比例,公鸭为18%,母鸭18.5%。北京鸭有较好的肥肝性能,填肥2～3周,肥肝重可达300～400克。

(2)天府肉鸭。

①产地与分布。天府肉鸭系四川农业大学家禽研究室于1986年底利用引进肉鸭父母代和地方良种为育种材料,经过10年选育而成的大型肉鸭商用配套系。广泛分布于四川省、重庆市、云南省、广西壮族自治区、浙江省、湖北省、江西省、贵

州省、海南省等 9 省，表现出良好的适应性和优良的生产性能。四川农业大学家禽育种试验场已形成年产父母代1 500组（每组 148 只，其中公鸭 32 只、母鸭 116 只）以上。

②外貌特征。体型硕大丰满，挺拔美观。头较大，颈粗中等长，体躯似长方形，前躯昂起与地面呈 30 度角，背宽平，胸部丰满，尾短而上翘。母鸭腹部丰满，腿短粗，蹼宽厚；公鸭有 2～4 根向背部卷曲的性指羽，羽毛丰满而洁白。喙、胫、蹼呈橘黄色；初生雏鸭绒毛黄色，至 4 周龄时变为白色羽毛。

③生产性能。

生长速度与料肉比见表 1。

表 1　天府肉鸭商品代生长速度和料肉比　　千克

项目	4 周龄	5 周龄	6 周龄	7 周龄	8 周龄
活重	1.6～1.86	2.2～2.37	2.6～2.88	3.0～3.2	3.2～3.3
料肉比	(1.8～2.2)∶1	(2.2～2.5)∶1	(2.4～2.7)∶1	(2.5～3.0)∶1	(3.1～3.15)∶1

繁殖性能。父母代种鸭 26 周龄开产（产蛋率达 5%），年产合格种蛋 240～250 个，蛋重 85～90 克，受精率 90%以上，每只种母鸭年产雏鸭 170～180 只，达到肉用型鸭种的国际领先水平。

产肉性能见表 2。

表 2　天府肉鸭肉用性能指标

周龄	全净膛		胸肌	
	重量/千克	占体重的/%	重量/克	占体重的/%
7	2.27～2.46	71.9～73	234～303	10.3～12.3
8	2.32～2.45	73.5～76	293～327	12.6～13.4

续表 2

周龄	腿肌		皮脂	
	重量/克	占体重的/%	重量/克	占体重的/%
7	244～281	10.7～11.7	650～710	27.5～31.2
8	220～231	9.4～9.5	754～761	30.8～32.8

注:全净膛重是指半净膛去心、肝、腺胃、肌胃、腹脂的重量,保留头和脚。

(3)狄高鸭。

①产地。狄高鸭是澳大利亚狄高公司引入北京鸭,选育而成的大型肉鸭配套系。20 世纪 80 年代引入我国。1987 年广东省南海县种鸭场引进狄高鸭父母代,生产的商品代肉鸭反应良好。

②外貌特征。狄高鸭的外形与北京鸭相似。全身羽毛白色。头大颈粗,背长宽,胸宽,尾稍翘起,性指羽 2～4 根。

③生产性能。

产蛋量:年产蛋量 200～230 枚,平均蛋重 88 克。蛋壳白色。

繁殖力:该鸭 33 周龄产蛋进入高峰期,产蛋率达 90%以上。公母配种比例 1∶(5～6),受精率 90%以上,受精蛋孵化率 85%左右。父母代每只母鸭可提供商品代雏鸭 160 只左右。

产肉性能:初生雏鸭体重 55 克左右。商品肉鸭 7 周龄体重 3.0 千克,肉料比 1∶(2.9～3.0);半净膛屠宰率 85%左右,全净膛率(含头脚重)79.7%。

(4)樱桃谷肉鸭。

①产地。樱桃谷鸭是英国樱桃谷农场引入我国北京鸭和埃里斯伯里鸭为亲本,杂交选育而成的配套系鸭种。1985 年

四川省引进该场培育的超级肉鸭父母代 SM 系。

②外貌特征。与北京鸭大致相同。雏鸭羽毛呈淡黄色，成年鸭全身羽毛白色，少数有零星黑色杂羽；喙橙黄色，少数呈肉红色；胫、蹼橘红色。该鸭体型硕大，体躯呈长方形；公鸭头大，颈粗短，有 2～4 根白色性指羽。

③生产性能。

产蛋量：据樱桃谷鸭种鸭场 1985 年在北京举办的国际展览会展出的材料介绍，父母代母鸭 66 周龄产蛋 220 个，蛋重 85～90 克，蛋壳白色。

繁殖力：父母代种鸭公母配种比例为 1∶(5～6)，受精率 90%以上，受精蛋孵化率 85%，产蛋期 40 周龄每只母鸭可提供商品代雏鸭苗 150～160 只。

产肉性能：商品代 47 日龄活重 3.09 千克，肉料比为 1∶2.81。经我国一些单位测定，该鸭 L_2 型商品代 7 周龄体重达到 3.12 千克；肉料比 1∶2.89；半净膛屠宰率 85.55%，全净膛屠宰率(带头脚)79.11%，去头脚的全净膛屠宰率为 71.81%。

樱桃谷种鸭场新推出的超级瘦肉型肉鸭，商品代肉鸭 53 天，活重达 3.3 千克，肉料比为 1∶2.6。

(5)海格鸭。海格肉鸭是丹麦培育的优良肉鸭品种。广东省茂名市种鸭场于 1988 年首次从丹麦引入一大型肉鸭配套系。经饲养证实，该鸭种的商品代具有适应性强的特点，既能水养，又能旱养，特别能较好适应南方夏季炎热的气候条件。海格肉鸭 43～45 日龄上市体重可达 3.0 千克，肉料比 1∶2.8，该鸭羽毛生长较快，45 日龄时，翼羽长齐达 5 厘米，可达到出口要求。海格肉鸭肉质好，腹脂较少，适合对低脂肪食物要求的消费者的需求。

(6)**枫叶鸭。**枫叶鸭又名美宝鸭，是美国美宝公司培育的优良肉鸭品种。近年来，由广东省一些研究单位和种鸭场引进饲养。该鸭父母代在25～26周龄产蛋率达5%，产蛋高峰期可达91%，平均每只种母鸭40周产蛋210枚，平均蛋重88克。该鸭的商品代49日龄平均体重2.95千克，肉料比1∶2.67。枫叶鸭的最大特点是瘦肉多，长羽快，羽毛多。

(7)**力加鸭。**力加鸭是丹麦培育的优良肉用鸭品种。广东省珠海市广海良种种鸭场，于1989年从丹麦引进父母代。经饲养，种母鸭25周龄产蛋率达5%，产蛋高峰期可达87%。平均每只种母鸭40周龄产蛋206个，平均蛋重85克，其商品代肉鸭饲养49日龄平均体重2.91千克，肉料比1∶2.95。

(8)**史迪高鸭。**史狄高鸭是由澳大利亚培育的优良肉用鸭品种。广东省珠海市海良种鸭场于1988年从澳大利亚引进父母代。种母鸭26周龄产蛋率达5%，产蛋高峰期可达86%，平均每只种母鸭40周产蛋191枚，平均蛋重88克。该鸭适应性强，耐高温，饲养49日龄平均体重3.15千克，肉料比1∶2.9。

(9)**克里莫瘤头鸭。**克里莫瘤头鸭是由法国克里莫公司培育而成。有白色、灰白和黑色三种羽色。此鸭体质健壮，适应性强，肉质好，瘦肉多，肉味鲜香，是法国饲养量最多的品种。

此鸭成年公鸭体重4.9～5.3千克，母鸭2.7～3.1千克。仔母鸭10周龄体重2.2～2.3千克，仔公鸭11周龄体重4.0～4.2千克。半净膛屠宰率82.0%，全净膛屠宰率64%，肉料比为1∶2.7。开产日龄约为196天，年平均产蛋量160个。种蛋受精率90%以上，受精蛋孵化率72%以上。此鸭的肥肝性能良好，一般在90日龄时用玉米填饲，经21天左右，平均肥肝重可达400～500克。法国生产的鸭肥肝约半数的是克里莫鸭。

(10)瘤头鸭。

①产地与分布。瘤头鸭又称疣鼻鸭、麝香鸭，中国俗称番鸭。原产于南美洲和中美洲的热带地区。瘤头鸭由海外洋船引入我国，在福建省至少已有250年以上的饲养历史。除福建省外，我国的广东省、广西壮族自治区、江西省、江苏省、湖南省、安徽省、浙江等省区均有饲养。国外以法国饲养最多，占其养鸭总数的80%左右。此外，美国、前苏联、德国、丹麦和加拿大等国均有饲养。瘤头鸭以其产肉多而日益受到现代家禽业的重视。

②外貌特征。瘤头鸭体型前宽后窄呈纺锤状，体躯与地面呈水平状态。喙基部和眼周围有红色或黑色皮瘤，雄鸭比雌鸭发达。喙较短而窄，呈"雁形喙"。头顶有一排纵向长羽，受刺激时竖起呈刷状。头大、颈粗短，胸部宽而平，腹部不发达，尾部较长；翅膀长达尾部，有一定的飞翔能力；腿短而粗壮，步态平稳，行走时体躯不摇摆。公鸭叫声低哑，呈"咝咝"声。公鸭在繁殖季节可散发出麝香味，故称为麝香鸭。瘤头鸭的羽毛分黑白两种基本色调，还有黑白花和少数银灰色羽色。

黑色瘤头鸭的羽毛具有墨绿色光泽；喙肉红色有黑斑；皮瘤黑红色；眼的虹彩浅黄色；胫、蹼多为黑色。白羽瘤头鸭的喙粉红色，皮瘤鲜红色，眼的虹彩浅灰色；胫、蹼黄色。黑白花瘤头鸭的喙为肉红色带有黑斑，皮瘤红色，胫、蹼黄色。

③生产性能。

产蛋量：年产蛋量一般为80～120枚，高产的达150～

160 枚。蛋重 70～80 克，蛋壳玉白色。

繁殖力：母鸭 180～210 日龄开产。公母配种比例 1∶(6～8)，受精率 85%～94%，孵化期比普通家鸭长，为 35 天左右。受精蛋孵化率 80%～85%，母鸭有就巢性，种公鸭利用期为 1～1.5 年。

产肉性能：初生雏鸭体重 40 克，8 周龄公鸭体重 1.31 千克，母鸭 1.05 千克；12 周龄公鸭 2.68 千克，母鸭 1.73 千克。瘤头鸭的生长旺盛期在 10 周龄前后。成年公鸭体重 3.40 千克，母鸭 2.0 千克。据福建农学院测定：福建 F_A 系 10 周龄公鸭体重达到 2.78 千克，母鸭体重 1.84 千克，肉料比 1∶3.1。

采用瘤头鸭公鸭与家鸭的母鸭杂交，生产属间的远缘杂交鸭，称为半番鸭或骡鸭。半番鸭生长迅速，饲料报酬高，肉质好，抗逆性强。用瘤头鸭公鸭与北京鸭母鸭杂交生产的半番鸭，8 周龄平均体重 2.16 千克。

瘤头鸭成年公鸭的半净膛屠宰率 81.4%，全净膛屠宰率为 74%；母鸭的半净膛屠宰率为84.9%，全净膛屠宰率 75%。瘤头鸭胸腿肌发达，公鸭胸腿重占全净膛的29.63%，母鸭为29.74%。据测定，瘤头鸭肉的蛋白质含量高达33%～34%，福建省和台湾省当地人视此鸭肉为上等滋补品。

10～12 周龄的瘤头鸭经填饲 2～3 周，肥肝可达 300～353 克，肝料比 1∶(30～32)。

(11)沔阳鸭。

①产地。湖北省沔阳县畜禽良种场于 1960 年以当地的荆江鸭作母本、高邮鸭作父本进行杂交，杂种鸭自群繁殖 3 年后，再次用高邮鸭级进杂交，经 20 年选育的新品种。

②外貌特征。体躯长方形，背宽胸深。公鸭的头和颈上

部羽毫绿色有光泽，体躯背部深褐色，臀部黑色，胸、腹和副主翼羽白色。虹彩红褐色。喙黄绿色，胫、蹼橘黄色。母鸭羽毛以褐色为基调，分深麻和浅麻两种，主翼羽都是黑色。喙青灰色，胫、蹼橘黄色。

③生产性能。成年体重2.2～2.3千克。肉用仔鸭90日龄重1.5千克左右。开产日龄140～150天。年产蛋量160～180个。平均蛋重，第1年74.5克，第2年79.6克(蛋壳白色占93%，青色占7%)。公母配比1∶(20～25)。种蛋受精率91%以上。受精蛋孵化率85%以上。利用年限，公鸭1年，母鸭4～5年。

(12)桂西鸭。

①产地。产于广西壮族自治区的靖西、德保、那坡等地，属犬型麻鸭。

②外貌特征。羽色有深麻、浅麻和黑背白腹3种。当地群众对这3种羽色的鸭分别叫“马鸭”、“风鸭”和“乌鸭”。

③生产性能。成年体重2.4～2.7千克。肉用仔鸭70日龄重2千克左右。开产日龄130～150天。年产蛋量140～150枚。蛋重80～85克(蛋壳以白色为主)。公母配比1∶(10～20)。

(13)昆山鸭。

①产地。昆山鸭又称昆山大麻鹦，江苏省苏州地区培育的品种，1964年起，用北京鸭与当地的娄门鸭杂交，以提高其产肉性能，经14年的选育和推广，至1978年通过鉴定。

②外貌特征。具有体型大、生长快、肉质好、生活力强等特点。体型似父本，头大，颈粗，体躯长而且深，羽毛似母本，公鸭头颈部羽色墨绿，有光泽，体躯背部和尾部黑褐色，体侧

灰褐色有芦花纹，腹部白色，翼部镜羽墨绿色。母鸭金身羽色深褐，缀黑色雀斑，眼上方有白眉，翼部有墨绿色镜羽。公母鸭的喙青绿色，胫、蹼橘红色。

③生产性能。成年体重，公鸭3.5千克、母鸭3千克。仔鸭体重，60日龄2.4千克左右。性成熟期6月龄左右。年产蛋量140～160枚。平均蛋重80克左右，蛋壳乳白色，少数青色。

17.蛋用型鸭品种有哪些？其特性是怎样的？

(1)金定鸭。

①产地。金定鸭属蛋鸭品种，是福建传统的家禽良种。这种生蛋为主的优良卵用鸭主要产于定海县紫泥乡，该乡有村名金定，养鸭历史有200多年，金定鸭因此得名。金定鸭属麻鸭的一种，又称绿头鸭、华南鸭。

②外貌特征。公鸭的头颈部羽毛有光泽，背部褐色，胸部红褐色，腹部灰白色，主尾羽黑褐色，性羽黑色并略上翘，喙黄绿色，颈、蹼橘黄色，爪黑色；母鸭全身披赤褐色麻雀羽，分布有大小不等的黑色斑点，背部羽毛从前向后逐渐加深，腹部羽毛较淡，颈部羽毛无斑点，翼羽深褐色，有镜羽，喙青黑色，胫、蹼橘黄色，爪黑色。

③生产性能。成年公鸭体重1.76千克，母鸭1.78千克。母鸭110～120日龄开产，年产蛋280枚，在舍饲条件下年可产蛋300枚，蛋重72克。蛋壳以青色为主，占95%以上。公母配比1∶25，受精率90%，孵化率85%～92%。育雏成活率98%，育成成活率99%，初生重45.5克，育雏期28日龄体

重 0.7 千克。雏鸭期耗料比 1.9∶1，产蛋期料蛋比（以产蛋率 5%计）为 3.4∶1。

④特点。金定鸭具有产蛋多、蛋大、蛋壳青色、觅食力强、饲料转化率高和耐热抗寒特点。金定鸭的性情聪颖，体格强健，走动敏捷，觅食力强，尾脂腺较发达，羽毛防湿性强，适宜海滩放牧和在河流、池塘、稻田及平原放牧，也可舍内饲养。金定鸭与其他品种鸭进行生产性杂交，所获得的商品鸭不仅生命力强，成活率高，而且产蛋，产肉、饲料报酬较高。

(2)绍兴鸭。

①简介。绍兴鸭，简称绍鸭，又称绍兴麻鸭，是我国优良的蛋用型小型麻鸭品种。经过长期的提纯复壮、纯系选育，形成了带圈白翼梢（WH）系和红毛绿翼梢（RE）系两个品系。目前，已在全国许多地区饲养。绍鸭具有产蛋量高、饲料利用率高、杂交利用效果好和对多种环境适应性强的特点。

②外貌特征。WH 系母鸭全身以浅褐色麻雀毛为基调，颈中间有 2～6 厘米宽的白色羽圈，主翼羽尖和腹、臀部羽毛呈白色，喙、胫、蹼橘黄色，虹彩灰蓝色，皮肤黄色；公鸭羽毛以淡麻栗色为基调，头颈上部及尾部性羽均为墨绿色，富有光泽，并有少量镜羽，其他与母鸭相同。雏鸭绒羽呈淡黄色，出壳重 40 克。RE 系母鸭全身以棕色带雀斑的羽毛为主，胸腹部棕黄色，镜羽墨绿色，有光泽，喙灰黄色，嘴豆黑色，虹彩赫石色，皮肤淡黄色，蹼橘黄色。公鸭羽毛大部呈麻栗色，喙黄带青色，头颈上部、镜羽及尾部羽毛均为墨绿色，富有光泽。雏鸭绒羽细软，呈暗黄色，有黑头星，黑线脊，黑尾巴。出壳重 42 克。

③生产性能。WH 系见蛋日龄 97 天，开产日龄 132 天，

达到90%产蛋率日龄178天,90%以上产蛋率维持215天,500日龄产蛋量291.5枚,总蛋重21.07千克,蛋重69千克,产蛋期料蛋比2.6∶1,产蛋期存活率97%。

RE系见蛋日龄104天,开产日龄134天,达到90%产蛋率日龄197天,90%以上产蛋率维持180天,500日龄产蛋量305枚,总蛋重20.36千克,蛋重72千克,产蛋期料蛋比2.64∶1,产蛋期存活率92%。

WH系和RE系的繁殖性能无显著差异,公母配比为1∶(15～25),受精率90%,受精蛋孵化率85%,从出壳到4周龄成活率95%。

雏鸭出壳即进行雌雄鉴别,公母分群,公鸭60～70日龄,体重1 000～1 200克,作为菜鸭供应市场,半净膛屠宰率83%。

(3)卡基·康贝尔鸭。

①产地。卡基·康贝尔鸭是著名的蛋用型鸭种。由英国的康贝尔氏用当地鸭与印度跑鸭杂交,其杂种再与鲁昂鸭及野鸭杂交,于1901年育成于英国。康贝尔鸭有3个变种:黑色康贝尔鸭、白色康贝尔鸭和卡基·康贝尔鸭(即黄褐色康贝尔鸭)。我国引进的是卡基·康贝尔鸭,1979年由上海市禽蛋公司从荷兰琼生鸭场引进。绍兴鸭配套系中含有该鸭的血统。

②体型外貌。卡基·康贝尔鸭比我国的蛋鸭品种体型大,体躯宽而深,背平直而宽,颈略粗,眼较小,胸腹部饱满,近于兼用种体型。但产蛋性能好,且性情温顺,不易应激,适于圈养,是国际上优秀的蛋鸭品种。其肉质鲜美,有野鸭肉的香味。雏鸭绒毛深褐色,喙、脚黑色,长大后羽色逐渐变浅。成

年公鸭羽毛以深褐为基色，头部、颈部、翼、肩和尾部均为青铜色(带黑色)，喙绿蓝色，胫、蹼橘红色。成年母鸭全身羽毛褐色，没有明显的黑色斑点，头部和颈部羽色较深，主翼羽也是褐色，无镜羽，喙灰黑色或黄褐色，胫、蹼灰黑色或黄褐色。

③生产性能。成年鸭体重，母鸭为2.0～2.25千克，公鸭为2.25～2.5千克。开产日龄110～130天，据上海观察，113天开产，140日龄的产蛋率为59.8%，150日龄的产蛋率为88.7%。500日龄的产蛋量260～300枚，平均蛋重为70克以上，总产蛋重为18～20千克，300日龄蛋重71～73克，蛋壳白色。公母比例1∶(15～20)，种蛋受精率85%左右。利用年限，公鸭1年，母鸭第1年产蛋较好，第2年的生产性能明显下降。卡基·康贝尔鸭60日龄的体重可达1.7千克，骨细，瘦肉多，脂肪少，肉质细嫩多汁，并具有野鸭肉香味，可供食用，很受消费者欢迎。

(4)江南1号鸭和江南2号鸭。

①产地与分布。江南1号鸭和江南2号鸭是由浙江省农科院畜牧兽医研究所陈烈先生主持培育成的高产蛋鸭配套系，获得省科技进步二等奖。这两种鸭的特点是：产蛋率高，高峰持续期长，饲料利用率高，成熟较早，生活力强，适合我国农村的饲养条件。现已推广至20多个省市。

②外貌特征。该配套系江南1号雏鸭黄褐色，成鸭羽深褐色，全身布满黑色大斑点。江南2号雏鸭绒毛颜色更深，褐色斑更多；全身羽浅褐色，并带有较细而明显的斑点。

③生产性能。江南1号母鸭成熟时平均体重1.6～1.7千克。产蛋率达90%时的日龄为210日龄前后。产蛋率达90%以上的高峰期可保持4～5个月。500日龄平均产蛋量

305～310 枚，总蛋重 21 千克。江南 2 号母鸭成熟时平均体重 1.6～1.7 千克。产蛋率达 90%时的日龄为 180 天前后。产蛋率达 90%以上的高峰期可保持 9 个月左右。500 日龄平均产蛋量 325～330 个，总蛋重 21.5～22.0 千克。

(5)攸县麻鸭。

①产地与分布。攸县麻鸭产于湖南省攸县境内的米水和沙河流域一带，以网岭、鸭塘浦、丫江桥、大同桥、新市、高和、石羊塘等地为中心产区。曾远销广东省、贵州省、湖北省、江西省。攸县麻鸭是湖南著名的蛋鸭型地方品种。攸县麻鸭具有体型小、生长快、成熟早、产蛋多的优点，是一个适应于稻田放牧饲养的蛋鸭品种。

②体型外貌。公鸭的头部和颈上部羽毛墨绿色，有光泽，颈中部有宽 1 厘米左右的白色羽圈，颈下部和胸部的羽毛红褐色，腹部灰褐色，尾羽墨绿色；喙青绿色，虹彩黄褐色，胫、蹼橘黄色，爪黑色。母鸭全身被褐色带黑斑的麻雀羽，群中深麻羽色者占 70%，浅麻羽色者占 30%。喙黄褐色，胫、蹼橘黄色，爪黑色。

③生产性能。产肉性能：攸县麻鸭成年体重 1.2～1.3 千克，公母相似。在放牧和适当补料的饲养条件下，60 日龄时每千克增重耗料约 2 千克；每千克蛋耗料 2.3 千克，每只产蛋鸭全年需补料 25 千克左右。90 日龄公鸭半净膛为 84.85%，全净膛为 70.66%；85 日龄母鸭半净膛为 82.8%，全净膛为 71.6%。

④产蛋性能。在大群放牧饲养的条件下，年产蛋最多为 200 枚左右，平均蛋重为 62 克，年产蛋重为 10～12 千克；在较好的饲养条件下，年产蛋量可达 230～250 个，总蛋重为

14～15 千克。每年 3～5 月份为产蛋盛期，占全年产蛋量的 51.5%；秋季为产蛋次盛期，占全年产蛋量的 22%。

⑤繁殖性能：性成熟较早，母鸭开产日龄为 100～110 天，公鸭性成熟为 100 天左右。公母配种比例为 1∶25。据 1974—1980 年统计，种蛋受精率为 94.8%，受精蛋的孵化率为 82.66%。30 日龄的育雏成活率在 95%以上。

(6)荆江鸭。

①体型外貌特征。荆江鸭头稍小，额微隆起，似“鳝鱼”头型。眼大有神，眼上方有一长条眉状白毛。颈细长而灵活，体躯稍长，肩部较窄，背平直向后倾斜并逐渐变宽，腹部深，个体小而结实，属蛋用鸭体型。上喙呈石青色，下喙及胫、蹼为橙黄色。全身羽毛紧凑，公鸭头颈部为翠绿色，颈以下至背腰部为深褐色，尾部为淡灰色；母鸭头颈多为灰黄色，背腰部为黄底黑碎斑或褐底黑碎斑，以前者居多。成年鸭体型外貌与 1982 年的比较，变化基本不大。

②生产性能。

生长速度：荆江鸭个体小，生长速度较慢，60 日龄的平均体重仅为初生重的 12 倍左右，但 90 日龄体重为 60 日龄体重的 1 倍以上。

产蛋性能：据 1982 年调查统计 316 只荆江鸭，全年共产蛋 67 755 枚，平均每只年产蛋 214.4 枚。在精心喂养的条件下，年产蛋量可达 300 枚以上。年平均产蛋率 58%，平均蛋重 63.55 克。而在 1 959 对江陵、沔阳群鸭 2 500 只进行调查，全年共产蛋 470 390 枚，平均每只年产蛋 188.16 枚，年平均产蛋率为 51.55%，平均蛋重为 60.35 克。由此可见，监利县饲养的荆江鸭，不仅没有退化，生产性能还有所提高。荆江鸭蛋呈椭圆形，蛋形指数为1.40，蛋壳较薄，但光滑结实。白壳蛋较多，约占总蛋数的74%；青壳蛋较少，约占总蛋数的26%。

繁殖性能：荆江鸭公鸭性欲旺盛，配种能力强，一般每只公鸭可配20～25只母鸭。产区群众习惯于用前1年孵出的公鸭留作第2年的种公鸭，配种1年后淘汰宰杀。母鸭100日龄左右开产，最早的90日龄即可开产，具有早熟的优良性能，在2～3周年时产蛋量最高，一般多利用3～4年。据监利县朱河镇畜牧兽医站孵化室2001年孵化记录，一次入孵种蛋6 440个，受精率为93.1%，孵化率为95.04%。

适应性和生活力：荆江鸭适应性广，善于放牧，抗暑耐寒能力强，夏季产蛋率可保持在70%以上，冬季仍能潜入深水觅食。

③屠宰率：据监利县畜牧兽医站1982年对6月龄的5只公鸭和10只母鸭的屠宰测定结果，显示宰前平均体重公鸭为1 398.2克，母鸭为1 206.60克；半净膛屠宰率公鸭为79.68%，母鸭为79.93%；全净膛屠宰率公鸭为72.22%，母鸭为72.25%。

(7)莆田黑鸭。

①产地与分布。莆田黑鸭主产于福建省莆田县，平潭、福清、长乐、连江、惠安、晋江、泉州等县市及福州市郊区也有分布。莆田黑鸭是一个适应硬、软质海滩放牧、耐盐性强的小型蛋用鸭种。

②品种特征。莆田黑鸭体型轻巧、紧凑，头适中、眼亮有神、颈细长(公鸭较粗短)，骨骼坚实，行走迅速。全身羽毛黑色(浅黑色居多)，着生紧密，加上尾脂腺发达，水不易浸湿内部绒

毛。喙(公鸭墨绿色)、跖、蹼、趾均为黑色。母鸭骨盆宽大,后躯发达,呈圆形;公鸭前躯比后躯发达,颈部羽毛黑而具有金属光泽,发亮,尾部有几根向上卷曲的性羽,雄性特征明显。

③生产性能。

产肉性能:初生重为40.15克,8周龄平均体重为890.59克。屠宰率,平均体重为(1.50±0.04)千克,半净膛屠宰率为78.38%,全净膛屠宰率为71.99%;母鸭与黑色瘤头鸭杂交产生的“半番”鸭,生长速度快,70日龄平均体重为1.99千克,半净膛屠宰率为81.91%,全净膛屠宰率为75.29%,每千克增重耗料为3.66~3.76千克。“半番”鸭肉质细嫩,深受消费者欢迎,经济效益高,为当地肉鸭的主要来源。

产蛋性能:300日龄产蛋量为139.31个,500日龄产蛋量为251.20个,个别高产家系达305个。500日龄前,日平均耗料为167.2克,每千克蛋耗料3.84千克。平均蛋重为63.84克。蛋壳白色占多数。开产日龄120天,年产蛋270~290个,蛋重73克,蛋壳以白色占多数。

繁殖性能:群体产蛋率达50%时为132日龄。公鸭6月龄开始配种。公母配种比例为1∶25。种蛋受精率达95%左右。雏鸭成活率为95%左右。

适应性:莆田黑鸭除具有一般蛋用型母鸭特性外,其觅食力强,活动面大,不但适于软质或硬质海滩放牧,也适合于池塘河溪放牧。从低盐分海域转牧到高盐分海域不停产,而其他麻鸭要停产2~3周时间。莆田黑鸭除适于放牧饲养,还适合圈养或旱养。该鸭抗热性能较好,在持续35℃高温情况下,产蛋率可保持80%以上。

(8)连城白鸭。

①产地与分布。连城白鸭属中国麻鸭中的白色变种,蛋

用和药用型。主产于福建省连城县，分布于长汀、上杭、永安和清流等县。2002 年存栏 200 万只。

②外貌特征。连城白鸭体型狭长，头小，前胸浅，腹部下垂，觅食力强，行动灵活，体羽洁白，喙黑色，胫、蹼灰黑色，雄性具性指羽 2～4 根，是我国麻鸭中独具特色的小型白色变种。

③生产性能。成年鸭体重：公 1 440 克，母 1 320 克。全净膛屠宰率，公 70.3%、母 71.7%。开产日龄 120 天，年产蛋 250～270 枚，蛋重 58 克，蛋壳以白色居多，少数青色。该鸭富含 18 种人体必需的氨基酸和 10 余种微量元素，具有宁神开窍、健脾护胃、养颜补肾之功效，其口味独特，肉汁鲜美，为鸭中极品。

(9)中山麻鸭。

①产地与分布。中山麻鸭是蛋肉兼用型品种，被列为广东省优良地方禽种之一。中山麻鸭产于广东省中山县。珠江三角洲亦有分布。

②外貌特征。中山麻鸭，体型大小适中，公鸭头、喙稍大，体躯深长，头羽花绿色，颈、背羽黑褐麻色，颈下有白色颈圈。胸羽浅褐色，腹羽灰麻色，镜羽翠绿色；母鸭全身羽毛以褐麻色为主，颈下有白色颈圈。蹼橙黄色，虹彩褐色。

③生产性能。成年鸭体重：公 1 690 克，母 1 700 克；63 日龄屠宰率，半净膛，公 84.4%，母 84.5%；全净膛，公75.7%，母 75.7%；开产日龄 130～140 天，年产蛋 180～220 枚，蛋重 70 克，蛋壳呈白色。

(10)恩施麻鸭。

①产地与分布。恩施麻鸭中心产区为湖北省利川县南坪、汪营、凉雾等地，分布于恩施自治州的恩施、利川、来凤、宣

恩、咸丰等县市。

②体型特征。属小型蛋用型鸭种。前躯较浅，后躯宽广，羽毛紧凑，颈较短而粗，公鸭头颈绿黑色，颈有白颈圈，背、腹部呈青褐色，每片羽毛的边缘有极细的白羽毛，远看像“鱼鳞片状”。尾部有2～4根卷羽上翘。母鸭颈羽与背羽颜色相同，多为麻色，胫、蹼黄色。

③生产性能。成年鸭体重，公1 362克，母1 615克；成年鸭屠宰率：半净膛，公85.0%，母84.0%；全净膛，公77.0%，母76.0%；开产日龄180天，年产蛋183枚，蛋重65克，蛋壳多为白色，也有少数青色。

(11)三穗鸭。

①产地与分布。三穗鸭原产于贵州省东部的低山丘陵河谷地带，以三穗县为中心，分布于镇远、岑巩、天柱、台江、剑河等县。属蛋用型鸭种。三穗鸭具有成熟早、产蛋多，适应丘陵、河谷、盆地、水稻产区放牧饲养，且耐粗饲，饲料利用能力强。2002年中心产区存栏10万只。

②外貌特征。三穗鸭公鸭体躯稍长，胸部羽毛红褐色，颈中、下部有白色颈圈，背部羽毛灰褐色，腹部羽色浅褐色，颈部及腰尾部披有墨绿色发光的羽毛。母鸭颈细长，体躯近似船形，羽毛以深褐色麻雀羽居多。翅上有镜羽。三穗鸭虹彩褐色，胫、蹼橘红色，爪黑色。

③生产性能。三穗鸭成年鸭体重：公1 690克，母1 680克；成年鸭屠宰率：半净膛，公69.5%，母73.9%；全净膛，公65.5%，母58.7%。开产日龄120天，年产蛋240～260枚，蛋重65克，蛋壳以白色居多，其次为绿色。放牧饲养时，只在育雏的20日龄内，每只平均补饲大米400克，体重可达250～

300克;20～70日龄,以放牧为主,每只平均只补喂玉米50～70克,体重可达1～1.2千克。开产日龄110～130天,年产蛋量200～240个,蛋重63～65克,蛋壳以白色为主,少数青色。公母比例1∶(20～25)。种蛋受精率80%～85%,受精蛋孵化率85%～90%。母鸭利用2～3年,公鸭只利用1年。

(12)山麻鸭。

①主要特性。公鸭头中等大,颈秀长,眼圆大,胸较浅,躯干呈长方形;头颈上部羽毛为孔雀绿,有光泽,有白颈圈。前胸羽毛赤棕色,腹羽洁白。从前背至腰部羽毛均为灰棕色。尾羽、性羽为黑色。母鸭羽色有浅麻色,褐麻色,杂麻色三种。喙青黄色,胫 、蹼橙红色,爪黑色。

②成年鸭体重。公鸭1 430克,母鸭1 550克;屠宰率:半净膛72.0%,全净膛70.3%。开产日龄108天,年产蛋280～300枚,蛋重67克。

18.兼用型鸭品种有哪些?其特性是怎样的?

我国肉、蛋兼用型鸭品种资源丰富。四川省的建昌鸭、江苏省的高邮鸭、江西省的大余鸭、安徽省的巢湖鸭、福建省的连城白鸭等均属于肉、蛋兼用型鸭品种。除连城白鸭外,其他兼用型鸭品种的羽色均是麻羽。肉、蛋兼用型鸭品种肉质良好,是生产我国传统咸水鸭、板鸭、酱鸭和樟茶鸭等食品的理想原料。

(1)建昌鸭。建昌鸭的原始养殖区位于四川省凉山彝族自治州安宁河流域及周边地区,中心产区位于西昌(原名建昌)、德昌、冕宁、米易和会理等县市。在麻鸭类型中,建昌鸭是肉用性能优异的地方品种，具有生长速度快、体大肉多，瘦肉率高，肉质细嫩等特点。同时，性成熟早，产蛋和繁殖能力强。目前，在四川省德昌县建立了建昌鸭原种场。

建昌鸭出壳体重 46 克左右，30 日龄公母鸭平均体重约 400 克。60 日龄公母鸭平均体重 1.35 千克左右，饲料转化效率(3.1～3.2)∶1。成年公鸭体重 2.40 千克，母鸭 2.00 千克。180 日龄公鸭半净膛率 79.0％，母鸭 81.4％；公鸭全净膛率 72.3％，母鸭 74.1％。建昌鸭的开产日龄一般为 150～180 天，年产蛋量 140～150 枚，公母配种比例为 1∶(7～9)。种蛋受精率 90％左右，受精蛋的孵化率 85％～90％。

(2)高邮鸭。高邮鸭是我国著名的优良蛋、肉兼用型麻鸭品种，主要养殖区位于高邮湖的周边地区、京杭大运河江苏段的里下河地区，包括江苏省的高邮、兴化、宝应等县市。高邮鸭觅食力强、耐粗饲，适应于以湖荡为主的放牧生活，可以潜入水中 3～4 米深的湖底觅食。

高邮鸭出壳体重 49 克。在放牧条件下，70 日龄公母平均体重可达到 1.50 千克；采用配合饲料饲喂，50 日龄商品肉鸭平均体重可达到 1.70 千克。成年公鸭体重 2.80 千克，母鸭 2.50 千克。公母鸭半净膛率 80.0％，全净膛率 70.0％。高邮鸭的开产日龄约为 140 天，年产蛋量 140～160 枚，500 日龄的产蛋量 200 枚左右，平均蛋重 75～85 克。公母鸭配种比例一般是 1∶(15～20)，种蛋受精率 90％以上，受精蛋孵化率 85％以上。

(3)大余鸭。大余鸭的养殖区主要位于江西省西南部的大余县及其周边的遂川、崇义、赣县、永新等县市。广东省的南雄县也是大余鸭的重要养殖区。大余鸭具有适应性强、胸腿肌肉发达、瘦肉率高、皮薄肉嫩、骨脆可嚼、腊味香浓、肉质好等优点。

大余鸭雏鸭出壳体重 42 克，30 日龄、60 日龄、90 日龄和 120 日龄公鸭的平均体重分别为 0.446 千克、0.944 千克、1.42 千克和 1.82 千克，母鸭平均体重分别为 0.406 千克、0.899 千克、1.46 千克和 1.78 千克。成年公鸭体重 2.15 千克，母鸭体重 2.11 千克。屠宰测定公鸭的半净膛率为 84.1%，母鸭为 84.5%；公鸭全净膛率为 74.9%，母鸭为 75.3%。适宜制作板鸭的屠宰日龄是 110～130 天。大余鸭的开产日龄 170 天左右，产蛋率达到 50%的日龄为 200 天，500 日龄产蛋量 190 枚。公母配种比例 1∶10，种蛋受精率 83.0%～92.0%，受精蛋孵化率为 85%～92.0%。育雏期(28 日龄)的成活率为 95.0%。

(4)巢湖鸭。巢湖鸭属于中型肉蛋兼用品种，主要养殖区位于安徽省中部，巢湖周围的庐江、巢县、肥东、肥西、舒城、无为等县市。该品种鸭具有体质健壮、行动敏捷、抗逆性和觅食能力强等特点。并且鸭胴体皮薄、肌肉纤维致密、肉质细嫩。

巢湖鸭初生体重 49 克。30、60、90 和 120 日龄公母鸭的平均体重分别达到 0.388、1.23、1.75 和 1.97 千克。成年公鸭体重 2.42 千克，母鸭 2.13 千克。放牧养殖的肉鸭一般在 70 或 90 日龄左右出栏，体重分别达到 1.5 和 2.0 千克。270 日龄屠宰测定胴体指标，公鸭半净膛率 83.8%，母鸭 84.4%；公鸭全净膛率 72.6%，母鸭 73.4%。巢湖鸭的平均开产日龄是 140～150 天，年产蛋量 160～180 枚。公母配种比例为 1∶(15～20)，种蛋受精率 90%左右，受精蛋的孵化率 85%～90%。

(5)连城白鸭。连城白鸭是具有我国麻鸭特征的小体型、肉蛋兼用型白羽品种,被认为是我国麻鸭的变种。该品种的主要养殖区位于福建省连城县及其周边县市,包括长汀、上杭、永安和清流县等。连城白鸭体型小,行动轻快,善于爬坡和潜水,觅食能力和抗病能力强,适宜在山区梯田、垄田放牧饲养。连城白鸭肉质细嫩,味道鲜美。我国中医学认为:该品种鸭肉具有清凉、滋补作用。

连城白鸭出壳体重40～44克。60日龄和90日龄公母鸭的平均体重分别达到0.90千克和1.40千克左右。成年公鸭体重1.44千克,母鸭体重1.32千克。成年鸭屠宰试验测定结果表明:公鸭全净膛率70.3%,母鸭全净膛率71.7%。连城白鸭的开产日龄在120天左右,平均年产蛋250～270枚。公母配种比例1:(17～25),种蛋受精率在90%以上,受精蛋的孵化率在85%以上。福建省连城县建立了连城白鸭原种场。

四、鸭的繁育技术

19. 种蛋必须具备的条件有哪些?

(1)遗传素质好。 这是首要的条件,但又是内在的质量,外观不易判断。因此必须从合格的种鸭场引进种蛋。首先,种鸭必须是健康无病的,生产性能(产蛋或产肉)是优秀的,这就是遗传素质要好。其次,种鸭的饲养管理正常,日粮的营养物质全面,必需的营养素不能缺乏,以保证胚胎发育时期的营养需求。

(2)新鲜。 孵化用的种蛋,储存时间越短越好。新鲜的种蛋,蛋内的营养物质变化损失少,各种病原微生物侵入也少。胚胎生活力强,雏鸭出壳整齐、健壮活泼,孵化率高,成活率高。

20. 如何收集种蛋?

种蛋的收集应随不同的饲养方式而采取相应的措施。在放牧饲养条件下,因不设产蛋箱,蛋产在垫料或地面上,种蛋的及时收集显得十分重要。初产母鸭的产蛋时间集中在后半夜 1～6 时大量产蛋。随着产蛋日龄的延长,产蛋时间往后推迟,产蛋后期的母鸭多数也在上午 10 时以前基本产完蛋。蛋产出后及时收集，既可减少种蛋的破损，也可减少种蛋受污染的程度，这是保持较好的种蛋品质，提高种蛋合格率和孵化率的重要措施。放牧饲养的种鸭可在产完蛋后才赶出去放牧。舍饲饲养的种鸭可在舍内设置产蛋箱，随时保持舍内垫料的干燥，特别是产蛋箱内的垫草应保持新鲜、干燥、松软。刚开产的母鸭可通过人为的训练让其在产蛋箱内产蛋，同时应增加拣蛋的次数，减少种蛋的破损。当气温低于0℃以下时，如果种蛋不及时收集，时间过长种蛋受冻；气温炎热时，种蛋易受热。环境温度过高、过低，都会影响胚胎的正常生长发育。

21. 怎样选择种蛋?

种蛋的品质对孵化率和雏鸭的质量均有很大的影响，也是孵化场(厂)经营成败的关键之一，而且对雏鸭及成鸭的成活率都有较大的影响。种蛋的品质好，胚胎的生活力强，供给胚胎发育的各种营养物质丰富。因此，必须根据种蛋的要求，进行严格的选择。

种蛋的品质对孵化率和雏鸭的质量均有很大的影响，也是孵化场经营成败的关键之一，而且对雏鸭及成鸭的成活率都有较大的影响，种蛋的品质好，胚胎的生活力强。供给胚胎发育的各种营养物质丰富，种蛋的孵化率高。因此，必须根据种蛋的要求，进行严格的选择。

(1)种蛋的质量要求。

①种蛋的求源首先应注意种鸭的品质，选择那些遗传性能稳定，生产性能优良，繁殖力较高，健康状况良好的鸭群的

种蛋。

②保证种蛋的新鲜,种蛋的储存时间愈短愈好,以储 7 天为宜,3～5 天为最好的保存期。2 周以内的种蛋可保持一定孵化率,若超过两周则孵化期推迟,孵化率愈低,雏鸭弱雏较多。种蛋的新鲜程度除与保存的时间有关外,还与保存的温度、湿度、方法等有关。

③形状大小,蛋形应要求正常,呈卵圆形,过长过圆,两头尖等均不宜作为种蛋使用。

④蛋壳的结构,致密均匀,表面正常,厚薄适度。

⑤蛋壳的表面的清洁度,蛋壳表面不应有粪便、泥土等污物,否则,污物中的病原微生物侵入蛋内,易引起种蛋变质。

(2)常见选择方法有以下几种。

①感官法:是孵化场在选择种蛋时常用的方法之一。通过看、摸、听、嗅等人为感官来鉴别种蛋的质量。可做粗略判别,其鉴别速度较快。

眼看,观察蛋的外观、蛋壳结构、蛋形是否正常、大小是否适中、表面清洁情况如何等。

手摸,蛋壳的光滑或粗糙等,手感蛋的轻重。

耳听,用两手各拿 3 枚蛋,转动 5 指使蛋互相轻轻碰撞,听其声音。完好无损的蛋其声音脆,有裂纹、破损的蛋可听到破裂声。

鼻嗅,蛋的气味是否正常,有无特殊气味等。

②透视法:利用太阳光或照蛋器通过光线检查蛋壳、气室、蛋黄、蛋白、血斑、肉斑等情况,对种蛋做综合鉴定,这是一种准确而简便的方法。如发现气室较大,系带松弛,蛋黄膜破裂,蛋壳有裂纹等,均不能做种蛋使用。

22. 怎样对种蛋进行消毒?

蛋产出后,蛋壳表面很快就通过粪便、垫料感染了病原微生物,而且繁殖速度很快。据研究,刚产出的蛋蛋壳表面细菌数为100～300个,15分钟后为500～600个,1小时后达到4 000～5 000个,而且蛋壳表面的某些细菌会通过气孔侵入蛋内,影响孵化率。因此,蛋产出后,除及时收集种蛋外,应立即进行消毒处理,以杀灭蛋壳表面附着的病原微生物。

(1)福尔马林熏蒸消毒法。这种方法需用一个密封良好的消毒柜,每立方米的空间用30毫升40%的甲醛溶液、15克高锰酸钾,熏蒸20～30分钟,熏蒸时关闭门窗,室内温度保持在25～27℃,相对湿度为75%～80%,消毒效果较好。如果温度、湿度低则消毒效果差。熏蒸后迅速打开门窗、通风孔,将气体排出。消毒时产出的气体具有刺激性,应注意防护,避免接触人的皮肤或吸入。

(2)新洁尔灭消毒法。将种蛋排列在蛋架上,用喷雾器将1/1 000的新洁尔灭溶液喷雾喷在蛋的表面。消毒液的配制方法:取浓度为5%的原液一份,加50倍的水,混合均匀即可配制成1/1 000的溶液。注意在使用新洁尔灭溶液消毒时,切勿与肥皂、碘、高锰酸钾和碱并用,以免药液失效。

(3)氯消毒法。将种蛋浸入含有活性氯1.5%的漂白粉溶液中3分钟,取出尽快晾干后装盘。

23. 如何保存种蛋?

蛋产出后尽管储存时间较短,也不可能立即入孵。因此,种蛋在入孵前要经过短时间的储存。即使种蛋来源于优秀的种鸭群，又经过严格的挑选，品质优良的种蛋，如果保存条件较差，保存方法不当，对孵化效果均有不良影响，尤其在冬、夏两季更为突出。因此，应提供适宜的保存条件。

(1)种蛋储存室要求。大型的孵化场应有专门的保存种蛋的蛋库。储存室要求隔热性能良好、无窗式的密闭房间。此外，储存室内还应配备恒温控制的采暖设备以及制冷设备。配备湿度自动控制器。种蛋储存室与鸭舍之间的距离越远越好，同时应便于清洗和消毒。

(2)适宜的温度、湿度。胚胎发育的临界温度是 23.9℃，超过这一温度胚胎就开始发育，低于这一温度胚胎发育受到抑制。种蛋应在低于临界温度以下保存。种蛋保存的理想温度为 13～16℃。保存时间不同也有差异，保存在 7 天以内，温度控制在 15℃较适宜；7 天以上以 11℃为宜。高温对种蛋的孵化率影响极大，当保存温度高于 23.9℃时，胚胎开始缓慢发育，尽管发育程度有限，但由于细胞的代谢会逐渐导致胚胎的衰老和死亡。相反，温度过低，也会造成胚胎的死亡，影响孵化率，低于 0℃时，种蛋因受冻而失去孵化能力。储存前，如果种蛋的温度高于保存温度，应逐步降温，使蛋温接近储存室温度，然后将种蛋放入储存室。

湿度过高，种蛋容易发霉变质。湿度过低，蛋内水分蒸发过多，影响孵化效果。保存的湿度以近于蛋的含水量为最好，储存室内一般相对湿度控制在 70%～80%为宜。

(3)适宜的保存时间。保存时间越短，孵化率越高。随着种蛋保存期的延长，孵化率会逐渐降低。由于新鲜蛋的蛋白具有杀菌作用，保存时间过长，蛋白的杀菌作用急剧下降；另外，保存时间过长，蛋内水分蒸发过多，会导致内部 pH 值的改变，各种酶的活动加强，引起胚胎的衰老，营养物质的变化及残余细菌的繁殖，从而危害胚胎降低孵化率。若不能控制温度，保存时间应根据季节的不同而定，夏天以保存 3 天为宜。种蛋如需较长时间保存，可将种蛋放入密封的塑料袋内，填充氮气，密封保存，可阻止种蛋内物质和微生物的代谢，防止种蛋内水分的过分蒸发。如果保存时间超过 3～4 周，仍可获得 70%～80% 的孵化率。种蛋长期保存时，每天翻蛋 1 次，也可延缓孵化率的急剧下降。

24. 种蛋的装运注意事项有哪些？

装运种蛋是良种引进、交换和推广过程中不可缺少的一个重要环节，应给予高度重视。

(1)种蛋的包装。引进种蛋时常常需要长途运输，如果保护不当，往往引起种蛋破损和系带松弛、气室破裂等，导致孵化率降低。

包装种蛋最好的用具是专用的种蛋箱（长 60 厘米×宽 30 厘米×高 40 厘米，能容下 250 枚蛋）或塑料蛋托盘。种蛋箱和蛋托盘必须结实，能经受一定压力，并且要留有通气孔。装箱时必须装满，必须使用一些填充物防震。如果没有专用种蛋箱，也可用木箱或竹筐装运，此时可用废纸把种蛋逐个包好，装入箱（筐）内，各层之间填充锯末或刨花、稻草等填充垫料，防止撞击和震动，尽量避免蛋与蛋的直接接触。不论使用什么工具包装，尽量使大头向上或平放，排列整齐，以减少蛋的破损。

(2)**种蛋的运输**。在种蛋的运输过程中,应注意避免日晒雨淋。影响种蛋的品质。因此,在夏季运输时,要有遮阳和防雨设备;冬季运输应注意保温,以防受冻。运输工具要求快速平稳,安全运送。装卸时轻装轻放,严防强烈震动。种蛋运到后,应立即开箱检查,剔除破损蛋,进行消毒,尽快入孵。

25. 鸭种蛋的合理孵化条件有哪些?

(1)**温度**。温度是孵化最重要的孵化条件。只有适宜的孵化温度才能保证胚胎正常生长发育,才能保证鸭蛋中各种酶的活动,从而保证胚胎正常的物质代谢。鸭蛋蛋壳表面积相对较大,而且蛋壳和壳膜较厚。蛋黄中脂肪含量高,孵化后半期由于脂肪代谢增强,必须向外排出大量的体热,以维持正常的物质代谢。因此,在鸭蛋孵化的中后期孵化温度应比早期降低 0.56℃,而且在孵化后期应采取凉蛋措施。

鸭胚胎适宜的温度范围为 37~38℃。温度过高过低都会影响胚胎的正常发育,严重时会造成胚胎的死亡。温度偏高时,胚胎发育加快,孵化期缩短,超过 42℃后 2~3 小时就会造成胚胎的死亡。相反,温度偏低时,胚胎发育迟缓,孵化期延长。因此,在孵化过程中,可根据孵化场的具体情况和季节、品种以及孵化机的性能,制订出合理的施温方案。

立体孵化器一般采用以下两种施温方案。

①恒温孵化:这是分批入孵的施温方案,以满足不同胚龄种蛋的需要。通常孵化器内有 3~4 批种蛋。室温过高时,整批孵化在中后期代谢热大大过剩,分批入孵就可以充分利用代谢热作为热源,既可减少“自温”超温,又可节约能源。恒温

孵化时，新老蛋的位置一定要交错放置，老蛋多余的热量被新蛋吸收，解决了在同一温度下新蛋温度偏低、老蛋温度偏高的矛盾，从而提高了孵化率。通常机内温度控制在 37.8℃。如果室温较高，可适当降低孵化温度，但应注意，在孵化过程中，应随时检查机内的温度是否均匀，孵化机内上下、前后、左右的温差一般不超过 0.1～0.2℃，温差可通过调整进出气孔等方式得到解决。如果温差较大时，也应注意定时调盘，减少温差对孵化率的影响。

②变温孵化：又叫整批孵化，适用于种蛋来源充足情况下所采用的孵化方法。由于鸭蛋大，脂肪含量高，孵化 13 天后，代谢热上升较快，如不改变孵化机的温度，会造成孵化机内局部超温而引起胚蛋的死亡。孵化的第 1 天温度为 39～39.5℃，第 2 天为 38.5～39℃，第 3 天为 38～38.5℃，第 4～20 天为 37.8℃，第 21～25 天为 37.5～37.6℃，第 26～28 天为 37.2～37.3℃。但第 21 天以后多数转入摊床孵化。变温孵化时，应尽量减少机内的温差，温度的调整应做到快速准确，特别是孵化的前 3 天。

(2)湿度。孵化过程中，蛋内水分不断蒸发，水分蒸发过快过慢都会影响胚胎发育，影响孵化率和雏鸭质量。立体孵化器具有风扇装置，空气流动速度快，加上蛋内脂肪含量高，含水量低，代谢热高，蛋内水分容易蒸发。湿度过低蛋内水分蒸发较快，胚胎易与壳膜粘连，影响正常出壳。

湿度变化总的原则是“两头高，中间低”。孵化初期，胚胎产生羊水和尿囊液，并从空气中吸收一些水蒸气，相对湿度控制在 70%左右。孵化中期，胚胎要排出羊水和尿囊液，相对湿度控制在 60%为宜。孵化后期，为使有适当的水分与空气中的二氧化碳作用产生碳酸，使蛋壳中的碳酸钙转变为碳酸氢钙而变脆，有利于胚胎破壳而出，并防止雏鸭绒毛粘壳，相对湿度控制在65％～70％为宜。在鸭蛋孵化后期如果湿度不够，可直接在蛋壳表面喷洒温水，以增加湿度。

(3)**通气。**胚胎对氧气的需要随胚龄的增加成正比例增加。孵化初期胚胎的物质代谢处于初级阶段，氧气需要量较少，胚胎通过卵黄囊血液循环利用蛋黄中的氧气。孵化中期胚胎的代谢作用加强，氧气需要量增加。尿囊形成后，通过气室气孔利用空气中的氧气，排出二氧化碳。孵化后期胚胎的呼吸转为肺呼吸，每昼夜氧气需要量为孵化初期的110倍以上。

通风、温度和湿度之间有着密切的关系。如果机内空气流通量大，通风良好，散热快，则湿度较小，反之，湿度就大，余热增加。通风量过大，机内温度和湿度难以保持。因此，这三者之间应互相协调，在控制好温度、湿度的前提下，调整好通风量。一般孵化机内风扇的转速为150～250转/分，每小时通风量以1.8～2.0米^{3}为宜。同时，还应根据孵化季节、种蛋胚龄大小，调节进出气孔，以保持孵化机内空气新鲜，温度、湿度适宜。

(4)**翻蛋。**实践证明，在孵化过程中进行翻蛋，特别是孵化的前、中期具有十分重要的意义。胚胎比重最轻，浮在蛋黄表面，长期不动易与壳膜粘连，影响胚胎发育。翻蛋可促进胚胎活动，保持胎位正常。同时也能扩大卵黄囊血管与蛋黄、蛋白的接触面积，有利于胚胎营养物质的吸收。翻蛋经常改变蛋的相对位置，使机内不同部位的胚蛋受热与通风更加均匀，有利于胚胎的生长发育。

立体孵化机具有翻蛋装置，翻蛋不会影响孵化机的正常温度。以勤翻为宜，翻蛋的角度应达到 90 度。大型肉鸭种蛋的孵化除每 2 小时翻蛋 1 次外，每天早晚结合凉蛋增加 1 次手工翻蛋，角度为 180 度，有利于提高孵化率。翻蛋在前期、中期对孵化率的影响较大，到孵化后期特别是在出壳的前几天，可不再翻蛋，因胚胎全身已覆盖绒毛，不翻蛋不致引起胚胎与壳膜粘连。

(5)凉蛋。胚胎发育到中期以后，由于脂肪代谢能力增强而产生大量的生理热。因此，定时凉蛋有助于胚胎的散热，促进气体代谢，提高血液循环系统的机能，增加胚胎体温调节的能力，有利于提高孵化率和雏鸭质量。胚胎发育到中期以后，凉蛋有利于生理热的散发，可防止胚蛋超温，对提高孵化率有良好的作用。这点对大型肉鸭种蛋的孵化更为重要。因此，种蛋在孵化 14 天以后就应开始凉蛋，每天凉蛋 2 次，每次凉蛋 20～30 分钟，但每次凉蛋的时间不能超过 40 分钟。一般用眼皮试温，感觉既不发烫又不发凉即可放到孵化机内。夏天外界的气温较高，只采用通风凉蛋不能解决问题，可将25～30℃的水喷洒在蛋面上，表面见有露珠即可，以达到降温目的，如果喷 1 次水不能解决问题，可喷 2 次，以缩短凉蛋的时间。凉蛋时间不能太长，否则易使胚蛋长期处于低温，影响胚胎的生长发育，必须根据具体情况，灵活应用。

26. 在孵化期胚胎是如何发育的?

当给予种蛋适当的孵化条件，胚胎从休眠状态中苏醒过来，继续发育形成雏禽。现将鸭胚不同日龄的发育情况简述如下。

第1天，胚胎以渗透方式进行原始代谢，原线、脊索突和血管区等器官原基出现。胚盘暗区显著扩大。照蛋时，胚盘呈微明亮的圆点状，俗称“白光珠”。

第2天，胚盘增大。脊索突扩展，形成5个脑泡，脑部和脊索开始形成神经管。眼泡向外突出。心脏形成并开始搏动，卵黄血液循环开始。照蛋时可见圆点较前一天为大，俗称“鱼眼珠”。

第3天，血管区为圆形，头部明显地向左侧方向弯曲与身体垂直，羊膜发展到卵黄动脉的位置。有3对鳃裂出现，尾芽形成。胚胎直径为5.0～6.0毫米，血管区横径为20～22毫米。

第4天，前脑泡向侧面突出，开始形成大脑半球。胚体进一步弯曲，喙、四肢、内脏和尿囊原基出现。照蛋时，可见胚胎与卵黄囊血管分叉似蚊子，俗称“蚊虫珠”。

第5天，胚胎头部明显增大，并与卵黄分离，前脑开始分成2个半球，第5对三叉神经发达。口开始形成，额突生长，眼有明显的色素沉着。脾脏和生殖细胞奠基。尿囊迅速增大形成一个有柄的囊状，其直径可达5.5～6毫米。照蛋时卵黄囊血管形似一只小蜘蛛，又称“小蜘蛛”。

第6天，胚胎极度弯曲，中脑迅速发育，出现脑沟、视叶。眼皮原基形成，口腔部分形成，额突增大，四肢开始发育，性腺原基出现，各器官已初具特征，尿囊迅速生长，覆盖于胚体后部，尿囊血液循环开始，照蛋时，可见到黑色的眼点，俗称“起珠”。

第7天，胚胎鳃裂愈合，喙原基增大，肢芽分成各部。胚胎开始活动，尿囊体积增大，直径达到12～17毫米，并且完全覆盖胚胎。照蛋时可见到头部和弯曲增大的躯干部分，俗称“双珠”。

第 8 天，喙原基已成一定形状，翅和脚明显分成几部，趾原基出现。雌雄性腺已可区分，尿囊体积急剧增大，直径达到 22～25 毫米。照蛋时可见半个蛋面布满血管。

第 9 天，舌原基形成，肝具有叶状特征，肺已有发育良好的支气管系统，后肢出现蹼。尿囊继续增大，胚胎重 0.69～1.28 克。照蛋时，正面易看到在羊水中浮游的胚胎。

第 10 天，除头、额、翼部外，全部覆盖绒羽原基，腹腔愈合。尿囊迅速向小头伸展。

第 11 天，眼裂呈椭圆形，眼睑变小。绒羽原基扩展到头部、颈及翅部，脚趾出现爪。

第 12 天，喙具有鸭喙的形状，开始角质化，眼睑已达瞳孔。胚胎背部开始覆盖绒羽。胚胎仍自由地浮于羊水中，尿囊开始在小头合拢。照蛋时，可见到尿囊血管合拢，但还未完全接合。

第 13 天，胚胎头部转向气室外，胚体长轴由垂直蛋的横轴变成倾斜。尿囊在小头完全合拢，包围胚胎全部。眼裂缩小，爪角质化。照蛋时除气室外整个蛋表面都有血管分布，俗称“合拢”。

第 14 天，眼裂更为缩小，下眼睑把瞳孔的下半部遮住。肢的磷原基继续发育，体腹侧绒羽开始发育，全身除颈部外皆覆盖绒羽。胚胎重 3.5～4.5 克。

第 15 天，胚胎完成 90 度角的转动，身体长轴和蛋的长轴一致。眼睑继续生长发育，眼裂缩小，下眼睑向上举达于瞳孔中部，绒羽已覆盖胚胎全部，并继续增长。尿囊血管加粗，颜色加深。

第16天，胚胎头部弯曲达于两脚之间，脚的鳞片明显。蛋白在尖端由一管道输入羊膜囊中。尿囊血管继续加粗，血管颜色加深。胚胎重6.6～12克。

第17天，头部向下弯曲，位于两足之间，两足也急剧弯曲，眼裂继续减少。开始大量吞食蛋白，蛋白迅速减少，胚胎生长迅速，骨化作用加强。

第18天，胚胎头部移于右翼之下，足部的鳞片继续发育。蛋白水分大量蒸发，气室逐渐加大。可见大头黑影继续扩大，小头透亮区继续缩小。

第19天，眼睛全部合上，未利用完的蛋白继续减少，变得浓稠。大头黑影进一步扩大。

第20天，蛋白基本利用完，开始利用卵黄营养物质，小头透亮区差不多消失。

第21天，蛋白利用完，羊膜和尿囊膜中液体减少，尿囊与蛋壳易于剥离。背面全部黑影覆盖，看不到亮区，俗称“关门”。

第22天，胚胎转身，气室明显增大，喙开始转向气室端。少量卵黄进入腹腔。照蛋时可见气室向一方倾斜，俗称“斜口”。

第23天，喙朝向气室端，卵黄利用明显增加。胚重28.4～32.6克。气室倾斜增大。

第24天，卵黄囊开始吸入腹腔，内容物收缩，可见气室附近黑影“闪动”。

第25天，胚胎大转身，喙、颈和翅部穿破内壳膜突入气室，卵黄囊大部分被吸入腹腔，胚胎体积明显增大。胚胎重

35.9 克。可见气室内黑影明显闪动，俗称“大闪毛”。

第 26 天，卵黄囊全部吸入腹腔。开始啄壳，并转为肺呼吸，易听到叫声，俗称“见嘴”。

第 27 天，大批啄壳，发育快的雏鸭破壳而出。

第 28 天，出壳高峰时间。出壳体重一般为蛋重的 65%。胚胎腹中存有少量卵黄。

27. 什么是看胎施温技术？

(1)看胎施温技术的应用范围。所谓看胎施温是指在人工孵化过程中，用灯光照蛋观察检查胚胎的发育情况，根据胚胎发育的快慢，采取相应的给温标准（即提供适宜的温度），确保胚胎发育始终正常，达到逐日发育的标准特征，从而获得良好的孵化成绩。看胎施温是我国现代人工孵化技术的精华，是由江苏省家禽研究所总结出的一套宝贵经验，是搞好人工孵化的一项基本技术。看胎施温的原理在于：孵化率的高低，实质上是取决于胚胎发育的正常与否，而胚胎发育则取决于内因（种蛋的品质）和外因（孵化条件）这两大因素。用同样的优质种蛋孵化时，孵化条件就起决定性的作用，在四大孵化条件中，温度最为重要。胚胎发育的快慢，主要取决于温度的高度，温度稍高，胚胎发育就要加快，温度稍低，胚胎发育就会减慢，当温度过高或太低还会致死胚胎。比较起来，其他 3 个孵化条件对胚胎发育的快慢影响则小得多。在四大孵化条件中，即使湿度、空气、翻蛋等其他条件都很正常，如果温度不当，孵化也会失败。而在其他条件基本具备的情况下，掌握好温度就成了提高孵化率的关键性措施。

可见通过控制、调节温度使胚胎发育正常，从而提高孵化率是可能的。人工孵化的实践证明看胎施温技术具有普遍的实用价值。不论采用什么孵化方式(如电孵、平箱孵、炕孵、缸孵、炒谷孵、温室孵等)，什么品种，也不论在什么地区、在什么季节孵化都可以采用。

(2)看胎施温的技术要点。

①熟练掌握鸭胚在照蛋时看到的逐日发育标准。

鸭胚在照蛋时看到的逐日发育标准前已述及，从事人工孵化的人员必须熟练掌握，才能运用自如，正确对照。为此，初学者应该坚持逐日照检胚胎发育情况。照蛋时间每天固定，要求在达到整日龄时进行，即从入孵后温度达到标准时开始，每经过 24 小时算 1 天。这样，看得多了就能逐渐掌握，记准特征。

②抓住 3 个关键时间照蛋，检查胚胎发育是否正常，以便准确调节温度。

头照：在孵化满 6 天时进行。这时发育正常的胚胎能明显看到“起珠”的特征。如果看到的特征是“双珠”，即前 6 天发育快了，说明温度偏高，需要适当降温；假若只看到“小蜘蛛”和“钉壳”的特征，即表明发育慢了，是温度偏低的结果，需要适当升温。

二照：有恒温孵化时，在第 14 天时进行，若用变温孵法则在第 13.5 天进行。这次照蛋时，发育正常的胚胎应该刚好达到“合拢”标准。如果尚未合拢，小头仅剩有一点白亮部分，并无血管充血或烧伤痕迹，则表明发育慢了(再过半天至一天还可以合拢)，这是温度偏低的结果。若发现提前合拢，说明温度偏高，应该略微降温。

三照：在第 20.5 天时进行。这时正常胚蛋的特征是刚好“封门”，这表明前 20 天发育都很正常，如果往后不发生问题，这个胚蛋就可以孵出小鸭。如果尚未封门，但无烧伤痕迹，表明发育较慢，温度偏低，这时不可升温，只能等候迟出雏了。因为这时升温极易烧伤，造成的损失比迟出雏的损失更大。假若提前封门了，表明发育稍快，温度略高，应该适当降温，以免以后烧伤。

(3)通过预检发现问题。及早纠正，保证胚胎正常发育。预检在孵化的第 3 天进行。为了使第 6 天按时“起珠”，需要在第 4 天进行 1 次预检。如果第 4 天时明显出现“蚊虫珠”的特征，即表明前 4 天温度适宜，到第 6 天可以按时起珠；若预检时发现已有“小蜘蛛”和“钉壳”的特征，则表明温度偏高，要立即降温，假若预检时，“蚊虫珠”还看不清楚，则说明前 3 天温度不足，应该适当升温，争取在第 5 天时能达到“起珠”的标准。

(4)看胎施温的注意事项。

①照检或预检时，必须根据大多数胚蛋的发育情况来做出判断并采取措施。因此，每次都必须多照些，以防局部不正常的胚蛋干扰对全局采取措施的准确性。

②看胎施温技术的熟练掌握和正确运用，对提高孵化率十分重要，但是主要适用于“封门”之前，尤其在“合拢”之前至关重要。而在以后几天“看胎施温”技术的效果就不显著了。

③“封门”后最容易出现问题，往往是由于孵化室温度高、孵化机通风不良或者凉蛋不够而使胚蛋积热散发不出，从而烧伤致死胚胎，为了防止后期出现超温烧伤事故，在孵化后期，尤其是在孵化时 15 天后应该坚持经常用“眼皮感温”法直接感测蛋温。一般情况下，如果前期发育正常，并能按时封

门，结合眼皮感温法，又能防止后期蛋温超高，就可使孵化率达到正常水平。

④为了能切实查明“起珠”、“合拢”和“封门”的准确时间，这几次照蛋必须按时进行外，还应提前8～12小时抽查1～2次。这样做虽较麻烦，但是较为准确可靠。

28. 民间传统的鸭种蛋孵化方法有哪些?

民间传统的孵化方法主要有缸孵法、炕孵法和炒谷孵化法3种。炕孵法盛行于北方，炒谷孵化法盛行于南方，江浙一带都采用缸孵法。

(1)缸孵法。

①缸孵法的主要设备：孵化的设备主要是土缸和蛋箩。土缸用稻草编织成筒状，再抹上黏土制成。缸壁高90厘米，厚8厘米，内抹2厘米厚的黏泥。内径71厘米。中下部放一口径88厘米的铁锅。锅上遍涂泥土和炭渣的混合物，锅中放土坯，作为蛋箩的垫物。其顶端放一块削成凸面的棉子饼，便于蛋箩转动自如。缸壁下侧设有40厘米×40厘米的灶口，供生火加温用。灶口塞也用稻草编制。蛋箩用竹编制而成，箩口直径67～70厘米，箩高38～40厘米，可盛种蛋700～800枚。缸盖用稻草编制，口径100厘米，高25厘米。

缸孵法第二阶段的设备是摊床。摊床可用木头或水泥做架，配有竹条草席及保温用的棉絮、棉毯、被单。摊床应设在孵缸上面，根据生产规模和孵室大小，可设1层、2层乃至3层(详见摊床孵化法)。

②管理方法：缸孵法分新缸期和陈缸期2个阶段。第1

天至第5天为新缸期，第6天至第20天为陈缸期，随后即可上摊床。种蛋入缸前先用稻草及炭末为燃料生火烧缸，既可除净缸内湿气，又为孵房加温。一般预烧3天左右，使缸内温度达到39℃。然后将盛有种蛋的竹箩放入缸内，盖上缸盖进行孵化。3小时后可开始翻蛋。翻蛋方法有3种：一种叫"轮心法"，翻蛋时上与下、边缘与中间的蛋互换位置，翻至中心时，应取出180～200枚蛋放于一边，待全部翻完后，将取出的蛋放在最上面；一种叫"取面法"，翻蛋时先取出面上种蛋150枚放于一边，待翻至中心时，又取出150枚种蛋放于另一边，并将先取出的150枚蛋放到中心，再继续翻完为止，最后将取出的中心蛋放在上面；另一种叫"平缸法"，或称"匀缸"，翻蛋时只将上与下、边缘与中间的种蛋调换位置即可。

新缸期第1天翻5次，第1次"轮心"，另外4次"取面"。其余4天每天翻蛋4次，第1次"轮心"或"取面"，另外3次"平缸"。

新缸期结束后，转入陈缸孵化期，每天翻蛋4次，每次间隔6小时。前2天第1次翻蛋"轮心"或"取面"。其他3次为"平缸"，后3天均用"平缸法"翻蛋。翻蛋操作时，动作要轻稳敏捷，防止打破。种蛋要排平，内外上下分别堆放，以防滑层。

每次翻蛋时，要掌握所需温度。一般翻蛋前温度要升高些，翻后要加温到所需的温度，保持平稳。温度的调节可通过生火、盖灰、开合灶门、启放缸盖等方法调节，上摊后以盖被、去被来调节。具体视胚胎发育状况和气温高低，灵活掌握。

陈缸期结束后，一般在第13天将蛋转入摊床，俗称"上摊"开始摊床孵化。

(2)炕孵法。采用控制烧火的次数、增减覆盖物、调整种蛋在炕面上的位置、调节室温等多种措施，以达到控制种蛋所需要的合适温度。这种炕用土坯砌成，与北方群众冬季睡觉保暖的土炕相似。

(3)炒谷法。用普通木桶(或竹箩)，糊上数层纸，作为盛蛋的孵化箱，热源主要是将稻谷炒热，再用麻布包裹，鸭蛋也用麻布或网袋包裹，然后一层炒谷，一层蛋，相间放入桶内，桶的表面再放一层炒谷。通过炒谷与蛋的相互叠放，来调节孵化温度。孵化一段日期以后，有的胚龄长，已经能自身产生温度的后期胚蛋与初入孵的新蛋分层交互叠放，这时不用炒谷作热源，而是用“蛋孵蛋”的方法。

(4)平箱孵化法。平箱孵化法是在总结我国传统的人工孵化法的基础上，特别是在土缸孵化法的基础上改革而成的。既保留了土缸孵化结构简单、采暖容易的优点，又吸取了机孵法的某些方法，减少了蛋的破损和劳动强度，操作简便。热源可用木炭，也可用电热板。此法现已广泛使用。

①平箱的构造：平箱高 157 厘米，宽、长均为 96 厘米，一般两只箱子并在一起，外形像一只长方形的大箱子。可就地取材，木材、土坯、厚纸板、纤维板均可。箱的底座用土坯砌，支架用 5 厘米见方的木头，再用纤维板做成夹层。中间用松软的废棉絮、玻璃纤维、塑料海绵等填充。箱内装有转动式的蛋架，蛋架底部和上部的中心，有一个轴心柱，既能支撑住蛋架，又能旋转自如。箱内蛋架共有 7 层，上面 6 层放蛋筛，蛋筛圆形，直径 76 厘米，由竹篾编成，边高 8 厘米。最下层不孵蛋，只放一个空竹匾，起缓冲温度的作用。每只平箱可孵鸭蛋 900 枚。

平箱的下半部是热源部分，四周用土坯或砖块砌成，内部四角用泥涂抹成圆形,成为一个圆形炉膛(一般用炭火加温),正面留一个高25～30厘米、宽约35厘米的炉口,并用稻草编成炉门,或装个活动门。热源部分与箱身的连接处安放一块厚铁板,上面抹一层泥,作为缓冲层。如底筛的蛋温仍高于顶筛时,可再铺1层稻草灰,以达到上下层蛋温一致为准。

平箱需要一个木制的翻蛋架,其内径比蛋筛略大,翻蛋时将三角形的翻蛋架张开,蛋筛放在上面进行操作。此外,还要准备一个小箩,供翻蛋时盛边蛋用。

②平箱孵化法的操作方法。

加温:平箱的热源一般都用木炭屑,引燃后上面覆盖稻草灰,以延缓燃烧速度,保持恒温。每天加炭1次,一般在下午2时左右进行。每次加两三勺,视气温高低而增减。加炭时先用火铲把盖在上面的一层炭灰拨向两边,再将引燃的炭屑刮平,然后用火铲在炭面上铲一条裂沟,将新炭放在其中,再用火铲将炭屑表面整平,然后盖上炭灰,任其慢慢燃烧。

翻蛋:每天3次,每次将中心蛋与边蛋调位置,并转动每枚蛋。操作时先将筛放在翻蛋架上,然后将筛周围的蛋取出,放在架旁的小箩内,再将中心蛋翻到边缘,最后将箩内的边蛋放在筛的中心。

调筛与转筛:与翻蛋同时进行。目的是使各层胚蛋都能受热均匀。由于箱内底层和顶层温度较高,中层略低,因此调筛时要按照一定的顺序进行,以避免混乱。同时,由于靠箱壁处的温度较高,为使蛋温均匀,应每隔2小时将筛转动1次,每次转180度。

测定平箱内的温度有两种方法:有经验者用人身感温判断温度高低;一般都在箱内挂温度计。但判断温度是否恰当,最好的办法是“看胎施温”即根据胚胎在不同孵化时期是否达到标准的发育程度施温。早春孵鸭蛋时，有“新缸不能低，老缸不能高”的说法。新缸期内，胚胎无自温能力，温度宜稍高些。到了陈缸期，特别是孵到第13天至第16天后，胚胎自温能力增强，箱内温度不能高。

现在，平箱孵化又有发展，有的热源改为电、炭两用，在底部装一块300瓦电热板，用水银导电表和继电器控制。有的把几个平箱连在一起，下面铺设烟道，烧煤或烧柴供热。

(5)摊床孵化法。摊床孵化是炕孵、缸孵或平箱孵化后期普遍采用的一种方法。摊床孵化不用热源，依靠胚蛋后期的自发温度及孵化室的室温进行自温孵化，因而是一种十分经济的方法。

①摊床的构造和设备：摊床一般设在孵化器（包括土缸、土炕、电孵机）的上方，以充分利用空间和孵化器的余热。如果孵化室太大，不易保温，或者房舍低矮，可单独设置摊床孵化室。

摊床是用木头（或水泥桩或三角铁）做架，钉上竹条，然后铺上草席。孵化时根据胚龄的大小及室温的高低，配备棉絮、棉毯或被单等物，以保持胚胎所需温度。摊床的面积根据孵化室的大小及生产规模而定，可设1～3层。摊床应底层最阔，越上层越窄，便于操作时站立。一般底层宽1.8米时，每上一层收进20厘米。

②上摊时间：鸭蛋在第14天，即在第2次照蛋以后上摊。如果外界气温低，可以稍微推迟上摊时间。

③温度调节：摊床的温度应掌握“以稳为主、以变补稳、变中求稳”的原则。即要求中心胚蛋的温度保持平稳正常；中心

蛋达到适温，边蛋必然偏低，通过翻蛋，调整边蛋和心蛋的位置，以求温度的均衡；需要升温时，不可升得过高过快，变温不能太大，要讲究稳。调节温度有 3 种方法：翻蛋、掀盖覆盖物和以不同方式叠放胚蛋。其中，翻蛋使温度均匀，并增加胚蛋活动。胚蛋在刚上摊时。一般叠放成双层蛋（摊），随着蛋温的增高，上层可放稀些。具体举例：如早上上摊，先把胚蛋摆成双层摊，盖被折成 3 层盖上；下午 3:00 翻蛋后，上层蛋放稀些，盖被折成两层盖上；第 2 天清晨把上层蛋再放稀些（俗称“棋摊”，像摆棋子一样疏散开），盖被只盖 1 层；第 2 天下午就放平了（即 1 层蛋），一般鸭蛋到 16 天下午放平，此时只盖 1 层被。

④摊床的管理：管理摊床，主要应勤看、勤掀、勤盖。根据胚蛋发温的特点，确定每天检查次数。上摊头 3 天，胚蛋自温能力不强，可以每 3 小时检查 1 次温度；以后随着蛋温的升高，可每 2 小时检查 1 次；将要出壳时，要随时检查，更需勤掀勤盖。要准确掌握“掀、盖”的技巧，还须做到四看。

一看胚龄。胚龄越大，自温能力越强，特别是在“封门”以后，胚蛋自发温度大大提高，因此，随胚龄增大，覆盖物由多到少，由厚到薄，覆盖时间由长到短。

二看外界温度。冬季和早春，气温和室温较低，要适当多盖，盖的时间略长些；夏季外界温度高，适当少盖，盖的时间短些；早晨及下半夜，外界温度低，适当多盖；中午及上半夜，要适当少盖。

三看上一遍的覆盖物和蛋温。应根据蛋温的高低或适中等不同情况，适时增减覆盖物。一般边蛋的蛋温正常，则翻蛋后仍按原物覆盖，边蛋的蛋温略低，翻蛋后就多盖一些，待蛋温升高后，再适时减盖，以免超温；如盖后蛋温不均，要将盖被抖凉后再盖。

四看胚胎发育。摊床温度掌握是否合适，主要观察胚胎发育是否达到标准长相。如果上摊前胚蛋及时“合拢”，则上摊后的温度按正常掌握；如“合拢”推迟，则摊床温度应略高些；如胚蛋“合拢”较标准长相提早，则摊床温度应略低些。鸭蛋孵至20～21天要特别注意，最好照蛋观察。一般是，“封门”前温度略高些，“封门”后温度略低些。“封门”后要保持“人身蛋温”(即人用眼皮接触胚蛋测温，感觉与人的体温相仿的温度)。

在具体操作时，如果温度适当，可以边翻蛋，边盖被，按正常操作；如温度过高，要及时掀被散热；如温度偏低，要减少翻蛋次数，适当多盖，并尽可能提高室温。

29. 如何进行电机孵化?

随着养禽事业的不断发展和科学技术的进步，传统的孵化方法已不能适应新的要求。因此，电机孵化法得到推广和普及，电孵机已逐渐向容量大型化，操作自动化方向发展。

(1)孵化机简介。

①孵化机的类型：孵化机按其结构形式可分为平面与立体两种类型。按供热来源，有油用、电用和油电两用等各种类型。

平面孵化器，是较早使用的一种孵化器，容量很小，通常放100～600枚蛋不等。机内只能容纳1层蛋盘，适于小型试验和专业户自繁自养时使用。热源为电热，也可用水管热。

立体孵化器，容量有大有小，但内部结构和性能却差异甚大。

近几年来，国内许多地方都在致力于改进孵化机结构、提高孵化率、节约劳动力等方面的研究，已取得不少进展。在自动控温、控湿、通风、翻蛋等方面，有良好的控制系统，误差更小。

②电孵机的基本结构和要求。

机壳做成夹层，中间填满隔热材料。机门设双层玻璃小窗，以便观察机内的温、湿度。

蛋盘过去都用木料做框架，中间装两排铅丝，上面一排距离较宽，主要用于隔蛋，下排距离较密，主要用于托蛋。新式孵化机不用蛋盘，而用镂空的塑料蛋托。

翻蛋机件一般与蛋盘架的型号相配套。这种翻蛋系统有的用手工操作，有的是电动装置，自动进行。

热源与温度调节系统大都用电热丝供温。电热丝由温度调节器控制。

通风系统，电孵机的出气孔一般都安排在机体的顶部，进气孔安置在鼓风板下的周围，我国目前生产的孵化机，风扇多安装在蛋盘架的两侧，使蛋盘里外的蛋都能均匀受温，不断换气。

供湿系统一般在孵化器的底部放置 2～4 个水盆，通过水盆蒸发水分，供给机内湿度。

报警系统也是用温度调节器控制的，但控制的不是热源，而是警铃。一般只设高温报警，也有的设高、低温报警，在机温偏离规定温度±(0.5～1.0)℃时，即响起警铃，以便管理人员及时排除故障。

(2)电机孵化法及其管理。

①孵化制度的确定。

整批入孵——变温孵化制:实质上是一次性入孵,阶段性降温,即孵化温度前高后低,它符合胚胎发育生理上的要求,因此,孵化效果比较理想。适用于大型种鸭场或孵化场采用,但是要求孵化技术熟练,尤其是注意防止后期胚蛋超温烧伤事故。

分批入孵——恒温孵化制:应用恒温孵化时,种蛋分批入孵,交错上盘,使新老胚蛋相互调节温度,即老蛋散热充分,新蛋升温迅速,有利于胚胎的发育并能节约部分能源。这种制度的优点还在于孵化温度恒定不变,容易控制。适用于孵化机容量较大,而种蛋量少难以一次装满,或者供雏批次数多,而每次只数较少的采用。

②孵化前的准备。

孵化室的准备:孵化前对孵化室要做好准备工作。孵化室内必须保持良好的通风和适宜的温度。一般孵化室的温度为 22～26℃,湿度 55%～60%。为保持这样的温、湿度,孵化室应严密,保温良好,最好建成密闭式的。如为开放式的孵化室,窗子也要小而高一些,孵化室的天棚距地面约 4 米,以便保持室内有足够的新鲜空气。孵化室应有专用的通风孔或风机。现代孵化厂一般都有两套通风系统,孵化机放出的空气经过上方排气管道,直接排出室外,孵化室另有正压通风系统,将室外的新鲜空气引入室内,如此可防止从孵化机排出的污浊空气再循环进入孵化机内,保持孵化机和孵化室的空气清洁、新鲜。孵化机要离开热源,并避免日光直射。孵化室的地面要坚固平坦,便于冲洗。

孵化器的检修：孵化人员应熟悉和掌握孵化机的各种性能。种蛋入孵前，要全面检查孵化机各部分配件是否完整无缺，通风运行时，整机是否平稳；孵化机内的供温、鼓风部件及各种指示灯是否都正常；各部位螺丝是否松动，有无异常声响；特别是检查控温系统和报警系统是否灵敏。待孵化机运转1～2天，未发现异常情况方可入孵。

孵化温度表的校验：所有的温度表在入孵前要进行校验，其方法是：将孵化温度表与标准温度表水银球一起放到38℃左右的温水中，观察它们之间的温差。温差太大的孵化温度表不能使用，没有标准温度表时可用体温表代替。

孵化机内温差的测试：因机内各处温差大小直接影响孵化成绩的好坏，在使用前一定要弄清该机内各个不同部位的温差情况。方法是在机内蛋架装满空的蛋盘，用27支校对过的体温表固定在机内的上、中、下，左、中、右，前、中、后27个部位，然后将蛋架翻向一边，通电使鼓风机正常运转，机内温度控制在37.8℃左右，恒温半小时后，取出温度表，记录各点的温度，再将蛋架翻转至另一边去，如此反复各2次，就能基本弄清孵化机内的温差及其与翻蛋状态间的关系。

孵化室、孵化器的消毒：为了保证雏鸭不受疾病感染，孵化室的地面、墙壁、天棚均应彻底消毒。孵化室墙壁的建造，要能经得起高压冲洗消毒。每批孵化前机内必须清洗，并用福尔马林熏蒸，也可用药液喷雾消毒。

入孵前种蛋预热：种蛋预热能使静止的胚胎有一个缓慢的苏醒适应过程，这样可减少突然高温造成死胚偏多，并减缓入孵时的孵化器温度下降，防止蛋表凝水，利于提高孵化率。预热方法是在22～25℃的环境中装置12～18小时或在30℃

环境中预热6～8小时。

码盘入孵:将种蛋大头向上放置在孵化盘上称为码盘,码盘同时挑出破蛋。一般整批孵化,每周入孵2批;分批孵化时,3～5天入孵一批。整批孵化时,将装有种蛋的孵化盘插入孵化蛋架车推入孵化器内。分批入孵,装新蛋与老蛋的孵化盘应交错放置,注意保持孵化架重量的平衡。为防不同批次种蛋混淆,应在孵化盘上贴上标签。

种蛋消毒:种蛋入孵前后12小时内应熏蒸消毒1次,方法如前所述。

③孵化管理。

温度:酌情观察与调节孵化机的温度调节器在种蛋入孵前已经调好定温,之后不要轻易扭动。一般要求每隔1～2小时检查箱温一遍并记录一次温度。判断孵化温度适宜与否,除观察门表温度,还应结合照蛋,观察胚胎的发育状况。

湿度:孵化器湿度的提供有两种方式,一种是非自动调湿的,靠孵化器底部水盘内水分的蒸发,对这种供湿方式,要每日向水盘内加水。另一种是自动调湿的,靠加湿器提供湿度,这要注意水质,水应经滤过或软化后使用,以免堵赛喷头。湿球温度计的纱布在水中易因钙盐作用而变硬或者沾染灰尘或绒毛,影响水分蒸发,应清洗或更换。

翻蛋:翻蛋的目的是使胚胎各部分受热均匀,增加了胚胎运动,同时增加了卵黄囊血管、尿囊血管与蛋黄、蛋白接触的面积,有利于养分的吸收,好起到防止蛋壳粘连的作用,提高了孵化率。

凡从入孵后数小时起直至啄嘴止,每昼夜8～12次。有自动翻蛋设备者翻蛋角度有限,而且方向、角度一定,没有什么变化，而手动翻蛋角度大，每次翻蛋的方向多变化，因此，自动翻蛋要比手翻蛋每昼夜多翻 3～4 次。翻蛋的角度不得少于 45 度，以 90 度为最好。

有自动翻蛋设备的孵化器，也应适当添加手工翻蛋的次数。如每回照蛋时和 13 日胎龄时将鸭蛋逐个翻转 180 度，即原来蛋的底面翻身朝上，这样有利于胚胎发育。在 13 日胎龄时则使尿囊顺利合拢，尿囊的合拢对顺利出雏十分必要，可以提高孵化率。

通风：整批入孵的前 3 天（尤其是冬季），进出气孔可不打开，随着胚龄的增加，逐渐打开进出气孔，出雏期间进出气孔全部打开。分批孵化，进出气孔可打开 1/3～2/3。

照蛋：照蛋之前，应先提高孵化室温度（气温较低的季节），防止照蛋时间长引起胚蛋受凉和孵化机内温度下降幅度大。照蛋是稳、准、快，从蛋架车取下和放上蛋盘时动作要慢、轻，放上的蛋盘一定要卡牢，防止翻蛋时蛋盘脱落。照蛋方法：将蛋架放平稳，抽取蛋盘摆放在照蛋台上，迅速而准确地用照蛋器按顺序进行照检，并将无精蛋、死胚蛋、破蛋拣出，空位用好胚蛋填补或拼盘。照蛋过程中发现小头向上的蛋应倒过来。抽、放蛋盘时，有意识地上、下、左、右地调蛋盘，任何孵化机，上、下、左、右存在温差是难免的。整批蛋照完后对被照出的蛋进行一次复查，防止误判。同时检查有否遗漏该照的蛋盘。最后记录无精蛋、死精蛋及破蛋数，登记入表，计算种蛋的受精率和头照的死胚率。

孵化过程中的照蛋有 2～3 次，第 1 次在 6 天，叫头照。第 2 次在落盘前，即第 20～22 天，叫二照。在 13～14 天要抽查部分蛋盘，观察胚胎的发育情况，叫抽验。生产中，往往头照是必不可少的，二照和抽验也是必要的，但一般仅抽照一部分胚蛋。抽验的目的是“看胎施温”，二照的目的是决定落盘时间。

落盘：鸭胚发育至第 26 天。把胚蛋从孵化器的孵化盘移到出雏器的出雏盘的过程叫落盘(或移盘)。孵化鸭蛋的落盘时间一般在第 26 天。具体落盘时间应根据二照的结果来确定，当鸭胚中有 1%开始出现啄壳，即可落盘。落盘前提高室温，动作要轻、快、稳。落盘方法有两种，一种是将胚蛋从孵化盘拣到出雏网盘内，把蛋横放，不要重叠；另一种是扣盘(把出雏盘扣在孵化盘上，同时向一个方向反转，就把一孵化盘的胚蛋加入出雏盘内)。落盘后最上层的出雏盘要加盖网罩，以防雏鸭出壳后窜出。对于分批孵化的种蛋，落盘时不要混淆不同批次的种蛋。落盘前，要调好出雏器的温度、湿度及进、排气孔。出雏器的环境要求是高湿、低温、通风好、黑暗、安静。

出雏与记录：胚胎发育正常的情况下，落盘时就有破壳的，孵化的第 27 天就陆续开始出雏，第 27.5 天出雏进入高峰，第 28 天出雏全部结束。在成批出雏后，一般每隔 4 小时拣雏 1 次。为节省劳力，可以在出雏 30%～40%时拣第 1 次雏，出雏 60%～70%时拣第 2 次雏，最后再拣 1 次即可。叠层出雏盘出雏法在出雏 75%～80%时拣第 1 次雏，出雏结束时再拣 1 次。也有最后 1 次性拣雏的。拣雏时要轻、快，尽量避免碰破胚蛋。为缩短出雏时间，可将绒毛已干、脐部收缩良好的雏迅速拣出，再将空蛋壳拣出，以防蛋壳套在其他胚蛋上引起闷死。对于脐部突出呈鲜红光亮，绒毛未干的弱雏应暂时留在出雏盘内待下次再拣。到出雏后期，应将已破壳的胚蛋并盘，并放在出雏器，不要同时打开前后机门，以免出雏器内的温、湿度下降过大而影响出雏。在出雏后期，可把内膜已枯黄或外露绒毛已干，雏在壳内无力挣扎的胚蛋，轻轻剥开，分开粘连的壳膜，把头轻轻拉出壳外，令其自己挣扎破壳。若发现壳膜发白或有红的血管，应立即停止人工助产。

每次孵化应将入孵日期、品种、种蛋数量与来源、照蛋情况记录表内，出雏后，统计出雏数、健雏数、死胎蛋数，并计算种蛋的孵化率、健雏率。及时总结孵化的经验教训。

清扫消毒：出完雏后，抽出出雏盘、水盘，拣出蛋壳，彻底打扫出雏器内的绒毛污物和碎蛋壳，再用蘸有消毒水的抹布或拖把对出雏器底板、四壁清洗消毒。出雏盘、水盘洗净、消毒、晒干，干湿球温度计的湿球纱布及湿度计的水槽要彻底清洗，纱布最好更换。全部打扫、清洗彻底后，再把出雏用具全部放入出雏器内，熏蒸消毒备用。

停电时的措施：孵化厂最好自备发电机，遇到停电立刻发电。并与电业部门保持联系，以便及时得到通知，做好停电前的准备工作。没有条件安装发电机的孵化厂，遇到停电的有效办法是提高孵化出雏室的温度。停电后采取何种措施，取决于停电时间的长短和胚蛋的胚龄及孵化、出雏室温度的高低。原则是胚蛋处于孵化前期以保温为主，后期以散热为主。若停电时间较长，将室温尽可能升到 33℃以上，敞开机门，半小时翻蛋 1 次。若停电时间不超过 1 天，将室温升至 27～30℃，胚龄在 10 天前的不必打开机门，只要每小时翻蛋 1 次，每半小时手摇风扇轮 15～20 分钟。胚龄处于孵化中后期或在出雏期间，要防止胚胎自温，热量扩散不掉而烧死胚胎，所以要打开机门，上、下蛋盘对调。若停电时间不长，冬季只需提升室温，若是夏季不必升火加温。

④嘌蛋:嘌蛋就是把孵化后期的活胚蛋,借助于人工孵化技术,运送到另外一个地方出雏,以代替运输雏鸭的方法。嘌蛋是我国人工孵化方法的一项专门技艺,特别是鸭嘌蛋在我国各地广泛采用。

嘌蛋以春夏之交最为合适,只要保温合适和技术操作过硬,也可以全年嘌运。起嘌的胚龄,一般根据到达目的地所需要的天数而定,鸭蛋起嘌的胚龄在26～27天后为宜,过早起嘌将影响孵化率。

起嘌前1天应照检胚蛋,剔去死胚蛋和弱胚蛋。将胚蛋平放于竹篮内,竹篮内铺垫软草,四周糊纸,围以小棉絮,每篮可放150～200枚胚蛋。运输时力求平稳,避免日晒雨淋和贼风侵袭胚蛋。竹篮呈品字形叠放利于检查蛋温和散热通气。每日应翻蛋3～4次,并上下调换竹篮的位置,到达目的地若尚未出雏,可按摊床出雏期管理继续孵化,按嘌蛋数计算孵化率可达85%以上。

与雏鸭运输比较,嘌蛋所需设备简单,体积小,运输量大,成本低,节省人力和工具,尤其对行程较远、运输时间长、天气炎热或交通不便的地方,嘌蛋更具有实际意义。

30.如何检查鸭种蛋孵化的效果?

主要是在孵化到一定日龄后,进行照蛋检查孵化效果。

照蛋的方法很多,没有电时,可遮住窗户留一亮洞或在墙壁上挖一椭圆的洞,让阳光从洞中透进。也可做长、宽、高都约20厘米的小方盒,中间安电灯或煤油灯,在两边各开2个圆洞。照蛋时每只手持蛋2枚,轮流纳入圆洞内略加转动即可见蛋内胚胎发育情况。一般情况下，照蛋都用照蛋灯或验蛋台验照。

每批蛋在孵化期间一般照 1～2 次。头照在入孵后 4～7 天进行，区分受精蛋与无精蛋．死胚蛋与活胚蛋，弱胚蛋与正常发育的蛋。

活胚：血管明显，呈放射状，气室界线分明，可见胚的黑影活泼移动。

死精（胚）蛋：为不规则的血环，无放射的血管，有时是一条血线贴在蛋壳上，有时是散黄或者蛋黄显著扩大。

无精蛋：色浅，无血管，蛋黄一般不下沉。

弱胚蛋：发育缓慢，往往比正常者迟 1～2 天，血丝细弱，胚胎小。

第 2 次照蛋在入孵后 13～14 天，主要是验出死胎蛋。死胎蛋不发热，吸收从活胚胎传出的热，影响活胚胎的发育日久天长，内部腐败、烂裂而奇臭难闻。死胎往往有前几天的发育情况，但蛋内充满混浊的液体，随蛋的转动而转动，蛋不转了内部也就停止转动。气室边缘为黄褐色。

31．影响孵化效果的因素有哪些？

影响种蛋孵化的因素除孵化条件、种蛋品质外，还包括种鸭的影响。主要包括以下几方面：

(1)遗传因素。种鸭的遗传结构与孵化率有关。不同的品种（系）、不同家系的孵化率也有差异。轻型品种（系）的孵化率较重型品种（系）为高，近交时孵化率下降，杂交时可提高孵化率。

(2)种鸭的营养。种鸭日粮的营养水平、健康状况和管理措施均会直接或间接地影响种蛋品质，从而降低种蛋的孵化率。饲料中维生素A、维生素D、维生素E、维生素B_2、维生素B_{12}、泛酸、生物素及亚油酸缺乏时，以及钙、磷、锌、锰等矿物质缺乏时影响孵化率，必须供给营养充分的全价日粮。

(3)种鸭的健康状况。只有健康状况良好的种鸭所产的蛋，才能获得较高的孵化率。如果种鸭感染大肠杆菌病，在孵化过程中胚胎的死亡数明显增多，孵化率急剧下降。

(4)种鸭的年龄。种鸭第1个产蛋期蛋的孵化率最高，初产期间蛋的孵化率较低，但在产蛋高峰期间其孵化率最高，产蛋率与孵化率呈正相关，以后随着产蛋周龄的增长孵化率逐步下降。

(5)种鸭的管理水平。种鸭饲养管理水平的好坏与孵化率也有密切的关系。种蛋受到严重污染、鸭舍温度过高、鸭舍垫料潮湿、种蛋收集不及时、卫生条件较差等，也影响孵化率的高低。

32. 夏天鸭种蛋孵化注意事项有哪些？

在南方地区，每年6～9月份气温较高，许多种鸭场种鸭蛋孵化率低，影响效益。

(1)做好孵前的清洗消毒工作。刚产出的鸭蛋外壳上有100～300个细菌，1小时后达到5 000～6 000个，尤其在高温季节细菌繁殖快，容易经蛋壳上的气孔进入蛋内，造成污染，如不消毒势必影响孵化。消毒方法可选用0.02％高锰酸钾或5％新洁尔灭溶液，用40℃左右的温水配制洗涤种蛋，晾后入孵，消毒液要经常更换，现配现用，也可选用福尔马林熏蒸消毒，每立方米用福尔马林 28 毫升、高锰酸钾 14 克熏蒸 20 分钟，然后打开门窗，尽快将气体排出。

(2)及时入孵或合理保存种蛋。南方地区 6～9 月份平均气温在 27℃以上，当温度高于 23.9℃时种蛋胚胎就会发育缓慢，甚至衰老死亡。不能及时入孵的种蛋应存放在种蛋储藏室，有自动控制温度、湿度与通风的设备，以及有翻蛋装置。储藏温度在 10～15℃。

(3)适当调低机内温度。一般 0～3 天胚龄 37.8℃，4～7 天胚龄 37.5℃，8～14 天胚龄 37.6℃，15～20 天胚龄 37.5℃，21～25 天胚龄 37.2℃。26 天胚龄上摊床。

(4)适当增加凉蛋和喷水的次数和时间。从第 8 天胚龄起每天喷水 1 次，12 天胚龄起每天喷水 2 次，从第 16 天胚龄起每天喷水 3 次，直到上摊孵化。5 天胚龄以后每天早、晚各凉蛋 1 次，每次 20～25 分钟，使蛋壳温度下降到 32℃左右，然后开机孵化。

(5)严防超温孵化。由于目前大多数孵化场并未安装空调，高温季节室温常达 30℃以上，所以种蛋胚胎发育到 16～17 天胚龄后，由于胚胎自身产生热量，容易超温，即使孵化机内发热装置长期处于断热及通风孔全部打开，仍无法把胚胎发育的代谢热全部排出，这种情况下就应把前后机门打开一条约几厘米的缝隙，以加速排热，这样可以防止超温。

33. 为什么要对鸭胚胎进行雌雄鉴别?

胚胎雌雄鉴别入孵后 4～7 天第 1 次照蛋，可以鉴别胚胎雌雄。早期鉴别胚胎雌雄，在经济上有很大意义。孵化蛋鸭的孵化场，就常将雌胚胎继续孵化，而将雄胚胎及时处理。

早期胚胎雌、雄鉴别以卵黄囊血管的发育情况和分布类型来辨别。先找出胚胎前后的卵黄囊血管以它们的连线作为中轴，如果中轴两边分布的血管对称而且粗大密度较稀，似"主根形"，就是雄胚。如果中轴两边分布的血管不对称，尤其是胚盘下半部左右两侧明显不对称，一边多一边少，并且纤细、似"须根形"，就是雌胎。在观察时如果中轴难以确认，类似中轴的血管多于两条，则多发育成怪胎。对绿壳蛋进行鉴别时，需要较强的光源。

34. 怎样对雏鸭进行雌雄鉴别?

蛋用型的鸭，初生时就要拣出公雏另行处理，可节约育雏的房舍、设备和饲料；肉用型的可以公母分群饲养，发育整齐，公鸭可按营养要求给料，促进快速肥育，缩短饲养期，种鸭在出售时，可以按性别比例配套提供。因此，现代养鸭业非常重视鉴别雌雄。

鉴别雏鸭的性别方法主要有以下几种。

(1)外貌鉴别法。

①根据体形鉴别：雏公鸭喙长、头大、颈粗，体躯长而圆，脚杆高，尾羽尖集；雏母鸭则喙短、头小、颈细，体躯短而扁，脚矮，尾羽散开。

②根据鼻孔鉴别：雏公鸭鼻孔狭小呈线状，鼻边粗硬明显有起伏，雏母鸭鼻孔宽大，圆状，鼻孔边柔软，无起伏。这些特点在20日龄后表现更为突出。

③根据额毛鉴别：雏公鸭头部额毛中部低陷，不呈圆弧形；雏母鸭则中部呈圆弧形，不低陷。

④根据上下颚羽毛与喙基部的分界曲线来鉴别：雏公鸭上颚羽毛呈尖角突入喙部；雏母鸭上颚羽毛与喙基部的分界线呈圆弧形。下颚均同上。

(2)**动作鉴别法。**雏公鸭气质雄健，雏母鸭气质文静。以4个手指托住胸部，用大拇指轻轻按压腰部，雏公鸭尾巴会向下压，雏母鸭尾巴会向上翘。

(3)**翻肛鉴别法。**雏公鸭有阴茎，长1～2毫米，像芝麻，长在肛门口的下方。翻肛时以左手捉鸭，中指与无名指夹住雏鸭的两只脚，使鸭头朝下，以食指压住雏鸭背腰部，拇指压住腹部尾端，右手的拇指、食指即翻开肛门及泄殖腔。如有芝麻大翌立的小突起就是阴茎，为公鸭；如只是皱襞而无小突起，就是母鸭。

(4)**捏肛鉴别法。**是所有雌雄鉴别法中速度最快、准确率最高的鉴别法。雏鸭出壳干毛后即可进行。捏肛者右手拇指、食指必须皮薄肉嫩，感觉灵敏。左手拇指、食指在雏鸭的颈前分开，托住雏鸭。右手拇指、食指将肛门两侧捏住，上下或前后稍一揉搓，有时就会感到有芝麻粒大的小突起，尖端可以滑动，根端固定，即是阴茎。如肛门边有干粪，则往往粗糙，揉搓时不滑动；有稀粪则一摸就泻出。母鸭则任你怎么揉搓，也只有肛门口和泄殖腔肌肉随拇指、食指的揉搓而柔和、平滑地摩擦，没有突起阻手的感觉。

(5)**鸣管鉴别法。**在鸭颈基部的两锁骨内，气管分叉处有球状软骨，称为鸣管。是鸭的发声器官。公雏鸭的鸣管较大，直径有3～4毫米，横圆柱形，稍偏于左侧。母雏鸭的鸣管较小，仅在气管的分叉处。触摸时，左手大拇指和食指抬起鸭头部，右手从腹部握住雏鸭，食指触摸颈的基部，如有直径3～4毫米大的小突起则为公雏鸭。

35. 如何选择种鸭？

选择种鸭是进行纯种繁育和杂交改良工作必须首先要考虑的问题。由于鸭多为群养，又是在夜间产蛋，很难准确记录个体的生产成绩和根据记录成绩进行选择。因此，在生产实践中多采用大群选择的方法，即根据鸭的外貌性状、特征来进行选择。

(1)种公鸭的具体选择标准。

①蛋用型种公鸭：头大颈粗，眼大、眼亮有神，喙宽而齐，身长体宽，羽毛紧密而富有光泽，性指羽分明，两翼紧贴体躯，胫粗而高，健康结实，体重符合标准，第二性征明显。

②肉用型种公鸭：体型呈长方形，头大，颈粗，背平直而宽，胸腹宽而略扁平，腿略高而粗，蹼大而厚，两翅不翻，羽毛光洁整齐，生长快，体重符合标准，配种能力强。

(2)种母鸭的具体选择标准。

①蛋用型种母鸭：头中等大小，颈细长，眼亮有神，喙长而直，身长背阔，胸深腹圆，后躯宽大，耻骨开张，羽毛致密，两翼紧贴体躯，脚稍短粗，蹼大而厚，健康结实，体肥适中。

②肉用型种母鸭：体型呈梯形，背略短宽，腿稍短粗，羽毛光洁，头颈较细，腹部丰满下垂，耻骨开张，繁殖力强。

36. 雏鸭健康标准是什么？

(1)体重。雏鸭平均体重在 60 克以上，各阶段体重与种鸭日龄相符。

(2)**均匀度。**同批体型大小均匀、整齐，体重差异在±20%以内。

(3)**外观。**精神状态良好，叫声洪亮，活泼，形体正常，行走自如。

以下情况为不合格：瞎眼、交叉喙、无翼、瘸腿、腿部弯曲、僵直、多腿、少腿、少趾、无趾；歪脖、仰脖、劈叉等有神经症状的；绒毛发育不全、黏着的；精神委靡、呆立、闭眼缩颈、浑身抖动、站立不稳的；有淤血、外伤的；瘫痪。

(4)**脐部。**脐带收缩良好，可带有小段干枯的尿囊柄。

以下情况为不合格：脐部红肿或发青发绿的；脐炎引起的糊脐；比大米粒大的黑脐、丁脐等。

(5)**跗部。**大小适中、活动自如、色泽光润。

以下情况为不合格：肿大、淤血、出血、破溃等。

(6)**肛门。**肛门部位绒毛丰满、柔软。

以下情况为不合格：糊肛、绒毛被粪便污染、脱肛、红肿、淤血、出血等。

(7)**腹部。**柔软，羽毛丰满，卵黄吸收良好。

以下情况为不合格：膨大、鼓气、发硬、淤血、出血、发紫、发青等。

(8)**水分。**绒毛润泽，喙、掌、腿部丰满光润，腹部柔软，重量适中。

以下情况为不合格：脱水，体轻，手抓感觉不柔软，鸭蹼干细或干瘪、无光泽，喙干燥无光泽，腿干细，明显腹水等。

37. 怎样确定合适的配种年龄和配种比例？

(1)**配种年龄。**某些非常早熟的鸭品种，可在8～9周龄时出现精子，并在 10～12 周龄时即可采到精液。但在自然交配时，要得到满意的精液量和受精力一般都要到 20～24 周龄。公鸭配种年龄过早，公鸭的生长发育受到影响，使其提前失去配种价值，而且受精率低。通常早熟品种的公鸭应不早于 120 日龄，蛋用型公鸭配种适宜年龄为 120～130 日龄。樱桃谷蛋鸭为 140 日龄。晚熟品种公鸭的适宜配种年龄，因品种和来源不同而异，北京公鸭 165～200 日龄；樱桃谷超级肉鸭、狄高鸭子 182～200 日龄，瘤头公鸭 165～210 日龄，引进的法国瘤头鸭性成熟期 210 日龄，比本地番鸭迟 20～30 天。

(2)配种比例。鸭的配种性别比例因品种类型的不同而差异较大，可参照下列比例组群，同时可根据受精率高低进行适当调整。蛋用型鸭：1∶(20～25)，肉用型鸭：1∶(5～8)，樱桃谷超级肉鸭：1∶(4～5)，瘤头鸭：1∶(5～8)，兼用型鸭：1∶(15～20)。一些麻鸭饲养地区习惯采用 1∶10 的比例配种，母鸭数量明显偏低、公鸭过多常造成争配，干扰了正常配种，使受精率降低。据测定，蛋用型麻鸭以 1∶10 配种；其受精率仅 9%，而改为 1∶25 配种比例，则受精率达 92.4%。相反，如公鸭太少，除了公鸭消耗太大、也造成受精率低。

配种比例除了因品种类型而异之外，还受以下因素的影响。

①季节：早春、深秋季节，气候寒冷公鸭性活动降低，公鸭数量应提高约 2%，具体蛋用型鸭采用 1∶(20～25)，春末至秋初用 1∶(23～30)的性配比；兼用型鸭早春和深秋季节用 1∶(15～20)，春末至秋初用 1∶(20～25)的配种比例。

②饲养管理条件:在良好的饲养条件下,特别是放牧鸭群能获得丰富的动物饲养时,公鸭的数量可以适当减少。

③公母鸭合群时间的长短:在繁殖季节到来之前,适当提早合群对提高受精率是有利的。合群初期公鸭的比例可稍高些,如蛋用型鸭公母比可用 1∶(14～16),20 天后可改为 1∶25。大群配种时,常可见部分公鸭较长时期不分散于母鸭群中配种,需经 10 多天才合群。因此,在大群配种时将公鸭及早放入母鸭群中是很必要的。

④种鸭的年龄:1 岁的种鸭性欲旺盛,公鸭数量可适当减少。实践表明公鸭过多常常造成鸭群受精率低。据测定,蛋用型麻鸭以 1∶10 配种,其受精率仅为 64.9%,而以 1∶25 配种,其受精率则为 92.5%。这是因为公鸭过多,发生争配,干扰了正常的配种所致。

38. 种鸭的利用年限是多少?怎样确定鸭群结构比例?

(1)鸭的利用年限。鸭的寿命可长达 20 年,但养到 3 年以上很不经济。母鸭第 1 年产蛋量最高,2～3 年后逐渐下降。因此,种母鸭的利用年限以 2～3 年为宜。种公鸭只利用一年即淘汰。

(2)鸭群结构。放牧种鸭群多由不同年龄的鸭组成。通常情况种鸭群结构组成为:1 岁母鸭 25%～30%,2 岁母鸭 60%～70%,3 岁母鸭 5%～10%。这种鸭群结构由于有老龄母鸭带领,因而放牧时觅食能力强,鸭群听指挥,管理方便,产蛋率稳定,种蛋的合格率高。

39. 影响鸭配种性能的原因有哪些?

影响鸭的配种性能的因素很多,如配种年龄、公母比例、季节、饲养条件等,其具体的原因有以下几点。

(1)鸭适宜配种年龄。鸭配种年龄不宜过早,配种年龄过早,不仅对其本身的生长发育有不良影响,而且受精率低。一般蛋用型公鸭性成熟较早,初配年龄以5月龄以上为宜;肉用型公鸭性成熟较晚,初配年龄在6月龄以上为宜。

(2)公母搭配比例。鸭的配种性能因品种类型不同而差异较大。一般适宜的公与母的搭配比例是:蛋用型鸭为1∶(2～25);兼用型鸭为1∶(15～20);肉用型鸭为1∶(5～8)。

(3)影响鸭配种性能的其他因素。配种性能除了配种比例、品种类型因素外,还受以下因素的影响,养殖户可根据饲养需要进行适当调节。

(4)季节因素。早春气候寒冷,鸭的性活动受影响,公鸭比例应适当提高2%左右(按母鸭数计)。

(5)饲养管理因素。在良好的饲养条件下,特别是放牧鸭群,由于能获得丰富的动物饲料,配种性能增强。因此,公鸭的数量比例可适当减少。

(6)公母合群时间因素。在繁殖季节到来之前,适当提早合群可提高母鸭的受精率。合群初期公鸭的比例可稍高些,如蛋用型鸭公母比可用1∶(14～16);20天后可改为1∶25。因此,在大群配种时,应将公鸭及早放入母鸭群中。

(7)种鸭的年龄因素。一般1岁左右的种鸭性欲旺盛,配种能力强。因此,鸭群公鸭数量比例可适当减少。

40. 鸭引种应注意的事项有哪些?

(1)**不要盲目引种。**引种应根据生产或育种工作的需要,确定品种类型,同时要考察所引品种的经济价值。尽量引进国内已扩大繁殖的优良品种,可避免从国外引种的某些弊端。引种前必须先了解引入品种的技术资料,对引入品种的生产性能、饲料营养要求要有足够的了解,如是纯种,应有外貌特征、育成历史、遗传稳定性以及饲养管理特点和抗病力,以便引种。

(2)**注意引进品种的适应性。**选定的引进品种要能适应当地的气候及环境条件。每个品种都是在特定的环境条件下形成的,对原产地有特殊的适应能力。当被引进到新的地区后,如果新地区的环境条件与原产地差异过大时,引种就不易成功,所以引种时首先要考虑当地条件与原产地条件的差异状况;其次,要考虑能否为引入品种提供适宜的环境条件。考虑周到,引种才能成功。

(3)**引种渠道要正规。**从正规的种鸭场引种,才能确保鸭苗质量。

(4)**必须严格检疫。**绝不可以从发病区域引种,以防止引种时带进疾病。进场前应严格隔离饲养,经观察确认无病后才能入场。

(5)**必须事先做好准备工作。**如圈舍、饲养设备、饲料及用具等要准备好,饲养人员应作技术培训。

(6)**注意引种方法。**

①首次引入品种数量不宜过多,引入后要先进行1～2个

生产周期的性能观察，确认引种效果良好时，再适当增加引种数量，扩大繁殖。

②引种时应引进体质健康、发育正常、无遗传疾病、未成年的幼禽，因为这样的个体可塑性强，容易适应环境。

③注意引种季节。引种最好选择在两地气候差别不大的季节进行，以便使引入个体逐渐适应气候的变化。从寒冷地带向热带地区引种，以秋季引种最好，而从热带地区向寒冷地区引种则以春末夏初引种最适宜。

41. 如何进行鸭的人工授精？

利用人工授精可以减少公鸭的饲养量，节省成本；对不同属间杂交，还可以大大提高受精率。

(1)人工授精器具的准备。输精器、集精杯、灭菌生理盐水、医用棉、剪刀，以及检查精液品质的显微镜、载玻片、红细胞计算器等。

(2)公鸭的采精训练。人工授精的公母鸭在产蛋前应分开饲养，如已经产蛋的鸭群应在试验前15～20天将公母鸭分开，公鸭选用个体粗壮，性欲强的进行单笼饲养，隔离1周即开始采精训练，每周2～3次，采精前将公鸭泄殖腔周围的羽毛剪干净，采精时找一只试情母鸭，用手按其头背部，母鸭会自动蹲伏者即可，将公鸭和母鸭放在采精台上，当公鸭用嘴咬住母鸭头颈部，频频摇摆尾羽，同时阴茎基部的大小淋巴体开始外露于肛门外时，采精者将集精杯靠近公鸭的泄殖腔，阴茎翻出，精液射到集精杯内。性成熟时公番鸭经训练能建立性条件反射占83.3%，而48周龄只为16.7%，因此在性成熟时要及时对公鸭训练采精，同时按公母比例 1∶(20～30)留足配种公鸭数。公鸭一般一个星期采精 5 天，1 天 1 次。

(3)精液品质测定。番鸭精液为乳白色，略带腥味，精液量较多，0.4～2.6 毫升，平均 1.1 毫升，密度达 16～25 亿/毫升，平均 18.5 亿/毫升，精子活力 7～9.8 级，pH 6.9～7.4，输精前检查精子活力，250～500 倍显微镜下 80%以上精子作直线前进运动的才作输精用。北京鸭精液量 0.38 毫升，密度 34.9 亿/毫升，樱桃谷鸭精液量 0.29 毫升，密度 27.23 亿/毫升。

(4)母鸭的输精技术。

①手指引导输精法：助手将母鸭固定在输精台上，输精者的右手食指从泄殖腔口轻缓地插入泄殖腔内，再向左下侧寻找阴道口所在，手感比较温暖润滑，左手持输精器沿着手指的腹部，插入阴道 3～6 厘米，然后抽出食指输入所需的精液量。这种方法较适用于母番鸭输精，因为母番鸭泄殖腔收缩较紧，难翻出。

②输卵管口外翻输精法：这种方法较适用于麻鸭和北京鸭等，生产中常用。将母鸭按在地上，输精者用一只脚轻轻踩住母鸭的颈部或把母鸭夹在两腿之间，母鸭的尾部对着输精者，用左、右手的三指(除拇指、食指)轻轻挤压泄殖腔的下缘，用食指轻轻拨开泄殖腔口，使泄殖腔张开，这时，我们能见到 2 个小孔，右边一个小孔为排粪尿的直肠口，左边一个小孔就是阴道口，腾出右手将输精器导管末端对准阴道插入输精。

(5)输精量。采用原精液授精时，一般用 0.05 毫升，用稀释的新鲜精液授精一般为 0.1 毫升，不管是原精液授精或是稀释精液授精，应授入有效精子数 5 000 万～9 000 万(有效精子数是指能直线前进运动的精子)。公番鸭与母麻鸭杂交有效精子数在 7 000 万～9 000 万时受精率最佳,超过 9 000 万时亦不能提高其受精率,造成精液浪费,北京鸭与麻鸭人工授精,有效精子数 5 000 万就能得到较高受精率,这可能是因为北京鸭与麻鸭是同属间杂交。另外,最好使用二三只公鸭的混合精液输精,比单只公鸭精液输精受精率高。第 1 次输精时,输精量可加大 1 倍或第 2 天重复输精 1 次。

(6)输精间隔时间。输精间隔时间取决于精子在输卵管内的存活时间,以及母鸭的持续受精率天数,母鸭一次受精后大约在 40 小时出现第 1 枚受精蛋,最长受精率持续时间可达 11～15 天,但高受精率的持续时间北京鸭与麻鸭人工授精为 4～5 天,以后受精率显著下降,故间隔 3～4 天输精 1 次,就可以维持良好受精率,如果是番鸭与麻鸭(或北京鸭)间人工授精,由于不同属,番鸭精子在母鸭输卵管内受精能力的维持时间较短,在 3～4 天内维持高受精率,因此间隔 2～3 天输 1 次精液才能保持良好受精率,而番鸭本品种人工授精高受精率持续时间可达 7 天之久,输精间隔以 6 天为佳。

(7)输精时间。许多试验证实,以同一剂量的精液在 1 天内不同时间给母鸭授精,蛋的受精率存在差异,但差异的程度,不同研究者的结果不相一致。但有一点是肯定的,输精时子宫中有硬壳蛋越接近临产越影响受精率,这可能是快产蛋时输精,一些精子还未进入贮精腺,而被蛋带出,或由于产蛋输卵管内环境暂时出现变化。一般麻鸭的输精时间在上午,因为麻鸭产蛋是在夜里,上午子宫里无硬壳蛋存在,便于输精操作和精子在输卵管的上行运动;但也有报道以下午好,番鸭产蛋是在 04:00～10:00,以下午输精好。但总的来说,输精量即输入有效精子数和输精间隔天数比输精时间重要得多，输精时间可依具体情况而定。

(8)**稀释液。**当精子浓度高而精液量少时，精液黏稠，易粘在集精杯的杯壁上，为了减少精子损失及授精量过少的不便，必需添加稀释液，有试验表明，北京鸭精液稀释组比未稀释组好，而番鸭精液稀释组则比未稀释组差，这可能是番鸭精液量较多，精液浓度较为稀薄呈水样，不必稀释。另外，受精率会因稀释倍数的增高而有降低的现象，麻鸭及北京鸭精液稀释倍数高于4倍时受精率显著降低，以1～3倍为宜。

(9)**注意事项。**

①采精场所要安静，不要有生人进出，以免引起鸭子不安，采精人员也要相对固定，因为不同采精人员的采精手势、用力轻重不同，引起鸭子性反射的兴奋程度也不一样。授精人员要有细心、耐心和有高度的责任心。捉放鸭时，动作要轻巧，不能太猛，否则影响产蛋和受精率，授精人员无论采用哪种方法授精，授精器插入阴道后，要顺势推进，一旦受阻，将授精器稍微退后，再探索推进，无论如何不能硬推，否则，会将输卵管穿破，引起死亡。

②提高精液的清洁度，精液清洁度直接影响精子的存活时间和活力，集精杯、输精器要高压消毒干净，要注意公鸭肛门周围的清洁卫生，把公鸭肛门周围的羽毛剪干净，用一块蘸有灭菌生理盐水的棉花清洗肛门，由中央向外擦洗，以防止采精时脏物掉入集精杯内，采精最好在公鸭觅食之前进行，以避免或减少采精时排泄粪便。当精液被粪尿污染时，在光学显微镜下，可以看到许多精子围绕赃物集聚成团，经过2～3小时以后，还可以见到众多的杆菌和球菌杂生，这时，精液的酸

碱度从 pH 7 左右下降到 pH 6～5.4，在这样的酸性环境中，精子容易死去。另外，输精时，每输完一只母鸭，输精器的吸嘴要用沾有灭菌生理盐水的棉花球擦拭干净。

③精液最好在采精后半个小时输完，超过 40 分钟，受精率就会下降。一般本品种间人工授精受精率可达 89％～95％，同属间杂交受精率可达 80％～89％，不同属间杂交受精率可达 70％～85％。

五、鸭场的建设与环境控制

42. 鸭场选址有哪些要求?

选择场址时,要对自然条件和社会条件做好勘测和收集通过综合分析,合理选址和制定规划布局。自然条件包括地势地形、水源水质、地质土壤、气候因素等,社会条件包括供水、电源、交通、通信、环境疫情、建筑条件、经济条件和社会风俗习惯等。

(1)地势、地形和土质。

①鸭场地势要向阳避风,以保持小气候状况相对稳定,减少冬春风雪的侵袭,特别是避开西北方向的山口和长形谷地。鸭场地面要平坦而稍有坡度,以便排水。鸭舍及陆上运动场的地势应高燥,不能选择低洼潮湿地。建筑用地要远离沼泽地区,因为潮湿的沼泽地是鸭体内外寄生虫和蚊虻生存聚集的场所。陆上运动场连同水上运动场的地面应有坡度,但不能呈陡壁,应自然倾斜深入水池。

②鸭场最好充分利用自然地形地物,如树林、河川等作为天然屏障。地形要开阔整齐,场地不要过于狭长或边角太多。用地面积应根据饲养规模而定,占地面积不宜过大,在不影响饲养密度的情况下应尽量缩小。陆上运动场的面积最好留有发展余地。场地内阳光必须充足。

③鸭舍照射到阳光愈多,病原微生物被杀死得愈多,鸭患疾病的可能性也就愈小。

④鸭舍四周有树没有害处,但附近大树太多则不利鸭舍的阳光照射。鸭舍应朝南或南偏东一些。

⑤场内土壤应该是透气性强、毛细管作用弱、吸湿性和导热性小、质地均匀、抗压性强的土壤,以沙质土壤最适合,以便雨水迅速下渗。愈是贫瘠的沙性土地,愈适于建造鸭舍。

(2)水源。在鸭场生产过程中,鸭的饮用、饲料的配制、鸭舍和用具的清洗以及饲养管理人员的生活,都需要使用大量的水,同时放牧、洗浴和交配等都离不开水。所以,鸭场必须有一个可靠的水源,水源应符合的要求:一是水量充足,二是水质良好,三是水源要便于保护,四是取用方便。

鸭场采用的水源可分为四大类

①地面水,包括江、河、湖、塘及水库等。地面水一般来源广、水量足,又因为它本身有较好的自净能力,所以是养鸭最广泛使用的水源。最好选择水源大,且是流动的地面水作为水源。

②地下水,这种水源受污染机会较少,较洁净,但要注意水中的矿物质含量,防止含有矿物性毒物。

③降水,以雨、雪等形式降落地面而成。当其在大气中凝集和降落时,吸收了空气中各种可溶性杂质,因而受到污染,且贮存困难,一般不作鸭场用水。

④自来水,水质、水量可靠,使用方便,是鸭场的理想用水,但相对成本较大。

(3)外部条件。外部条件是指鸭场与周围社会的关系,如相互间的环境影响、交通运输、电力供应、信息交流、防疫条件等。

鸭场场址的选择，必须遵循社会公共卫生准则，使鸭场不致成为周围环境的污染源，同时也要注意不受周围环境的污染。

①鸭场一般选在居民点下风处，地势低于居民点，但要离开居民点污水排出口，更不要选在化工厂、屠宰场、制革厂等企业下风处或附近。鸭场与居民点之间的距离应保持在500米以上，与其他畜禽场应在1 000米以上。

②鸭场要求交通便利，但为了防疫卫生及减少噪声，鸭场离主要公路的距离至少要在500米以上，同时修建专用道路与主要公路相连。

③选择场址时，还应重视供电条件，必须具备可靠的电力供应，最好应靠近输电线路，以尽量缩短新线敷设距离，同时要求电力安装方便及电力能保证24小时供应，必要时自备发电机来保证电力供应。

鸭场还要求通信方便，场内可装电话、传真机及信息网络。

(4)气候条件。

①在寒冷地区，隆冬的严寒常使许多种鸭中止产蛋，结果导致种鸭年产蛋减少，影响鸭的生产性能的发挥，对饲养者来说也意味着饲养经济效益下降。故最好选择冬季鸭舍在不需要大的供温设施下，仍能保温的地方建场。

②在炎热的地区，夏季的酷暑和蚊、蝇、虱、虫的骚扰对养鸭很不利，生产效益会大为下降。

所以从饲养地来说，应当尽量选择在气候长年温暖、夏季无高温、冬季无严寒的地区建立鸭场。由于鸭的适应性很强，且饲养者可在酷暑采取相应的防暑降温措施，或在严寒季节采取相应的保温措施，则我国大部分地区均能养好鸭。

43. 鸭场应该怎样布局?

(1)**鸭场场地的科学合理分区。**鸭场的功能分区是否合理，各区建筑物布局是否得当，不仅直接影响基建投资、经营管理、生产组织。劳动生产效率和经济效益，而且影响场区小气候状况和兽医卫生水平。因此，在所选定的场地上进行分区与确定各区建筑物的合理布局，是建立良好的禽场环境和组织高效率生产的基础工作和可靠保证。

①鸭场的分区规划的基本原则。鸭场的分区规划应遵循下列几项基本原则：一是应体现建场方针、任务，在满足生产要求的前提下，做到节约用地，少占或不占可耕地；二是在建设一定规模的鸭场时，应当全面考虑鸭禽粪的处理和利用；三是应因地制宜，合理利用地形地物，以创造最有利的鸭环境、减少投资、提高劳动生产率；四是应充分考虑今后的发展，在规划时应留有余地，尤其是对生产区规划时更应注意。

在进行鸭规划时，同场址选择一样，首先应从人禽健康的角度出发，以建立最佳生产联系和卫生防疫条件，来合理安排各区位置。职工生活区应占全场上风和地势较高的地段，然后依次为管理区、鸭生产区，粪便及病鸭处理区。

②鸭场的功能区的划分。鸭场通常分 3 个功能区：即生产区（包括鸭舍、饲料贮存、加工、调制、建筑物等）、管理区（包括与经营管理有关的建筑物以及职工生活福利建筑物与设施等）和病鸭管理区（包括兽医室、隔离舍等）。

(2)鸭场建筑物的科学合理布局。在已确定的功能分区内,建筑物布局合理与否,对场区环境状况、卫生防疫条件、生产组织、劳动生产率及基建投资等有直接影响。布局原则:一是应根据生产环节确定建筑物之间的最佳生产联系,二是应遵守兽医卫生和防火安全的规定,三是为减轻劳动强度、提高劳动效率创造条件,四是合理利用地形、地势、主风和光照。

①鸭舍:我国地域辽阔,南北、东西气候相差悬殊。北方鸭舍设计主要是防寒,长江以南则以防暑为主。修建规模型鸭场、建造多栋鸭舍时,应采取长轴平行配置,当鸭舍超过 4 栋时,可以 2 行配置,前后对齐,两幢鸭舍前后的间距应为屋顶高度的 4 倍以上,即 5 米高的鸭舍屋顶,前后间距应在 20 米以上;左右鸭舍切不可为了一时美观而采用平行配置,尤其是南方地区,这样的配置影响夏季的通风效果,所以应该采用左右交叉配置,使夏季的主风能吹向每幢鸭舍。

②饲料库:建造地位应选在离每栋鸭舍的位置都较适中,而且位置稍高,既干燥通风,又利于成品料向各鸭舍运输。

③兽医室:病鸭舍应设在鸭场下风头,而且相对偏僻一角,便于隔离,减少空气和水的污染传播。

④办公室和职工宿舍:设在鸭场生产区之外地势较高的上风口,以防鸭场的空气和下水的污染及疫病传染。但生活区的生活污水不应排向鸭场,以免影响鸭的生产和生活。

44. 标准化鸭舍的建筑基本要求是怎样的?

(1)防寒保暖。鸭舍建筑的基本要求是防寒保暖,特别是育雏室。鸭舍的顶部往往需要有隔热保温层。冬季,寒冷地区要有供暖设施,如用煤炉加热,应注意通风,防止一氧化碳中毒。

(2)通风良好。通风效果的好坏,取决于鸭舍与主导风向的夹角。从防止冷风袭击和加强排污效果等因素综合考虑,鸭舍朝向应与主导风向呈 30°～45°夹角为宜。

(3)防止其他动物侵袭。主要包括鼠、犬、狼、蛇等动物的侵害,尤其是鼠和黄鼠狼的侵袭,不但会伤害鸭子,还会传播疾病,造成疫情。

(4)便于清洗消毒,排水良好。

(5)保持安静,减少各种应激。

(6)因地制宜,降低造价,节约投资。育雏舍要求保温性能良好,干燥透气,肉鸭舍不用建水浴池,以减少肉鸭活动,利于育肥;成年鸭怕热不怕冷,种鸭舍只要能关拦鸭群、挡风遮雨即可。

①育雏舍。为密闭式有窗鸭舍,南、北墙壁有窗,南墙窗大、北墙窗小,窗的大小位置高低根据当地气候条件而定,充分利用自然光照,要求窗子严密,开关方便,否则不利于通风和保温。育雏为网上平养,鸭舍屋顶保温性能要好,供热采暖方式有 2 种:暖气管道集中供暖和煤气炉分散给暖,可根据情况采用其中 1 种或 2 种,以保证早期育雏温度。

②中鸭、后备鸭、成年鸭舍。采用地面平养,中鸭舍、后备鸭舍、成年种鸭舍为有窗式平养鸭舍,鸭舍采用单列北侧走道,走道宽 1.2 米,其南侧为平养鸭舍群的圈栏,把圈舍隔成若干个小格,围栏的南侧为同样分隔的运动场,鸭舍南北墙设窗,北墙窗较小,南墙窗较大,南墙窗下设供鸭群出入的小门,

通向运动场。鸭舍内除隔一饲料间外，其余房间不砌隔墙，饲喂走道与鸭圈以食槽和水槽相隔，水槽下设排水管道。鸭舍的屋顶为外围护结构，具备结构轻便，防水、防火、防风和良好的保温隔热性能(屋顶散热占整个鸭舍总散热量的 60%～65%)，能抵抗 8 级以下大风，能承受 0.6 米的积雪；屋顶最好使用 100～150 毫米厚防火聚苯作保温层，聚苯上下各衬一层塑料布，外覆泥瓦或石棉瓦，也可使用 100～150 毫米厚防火聚苯外覆 0.5 毫米彩色压型钢板；屋顶形势采用双坡式或单坡式等。

45. 常用的鸭舍建筑类型有哪些？

鸭舍应根据鸭的饲养年龄、饲养方式和气候条件等建造，一般有 3 种类型。

(1)简易鸭棚。在南方地区和长江流域，多建简易鸭棚。最常见的有南方的拱形鸭棚和长江流域的塑料大棚形鸭舍。鸭舍骨架用竹构建，高度约 2 米，底宽 2～3 米，鸭舍长度根据饲养数量而定。棚顶采用芦席铺盖而成，其上再覆以油毛毡或塑料薄膜以防雨雪，长江流域也有再在上面盖上稻草等覆盖物，以便夏季防暑和冬季保温。

夏季将四周撑起敞开，形成“凉亭”，四周用竹栅或网围起，这样可增加通风量。

冬季棚顶及四周再加防风保暖材料，棚的两端加设门帘。棚内除养鸭外，还供饲养人员食宿、堆放饲料及存放蛋。平时以竹栅将鸭群围在鸭棚外的朝南方向。这种鸭棚也可根据放牧鸭群的需要而搬运地方，主要用于仔鸭和后备种鸭及放牧蛋鸭的饲养。

(2)**固定式群养种鸭舍。**多采用小群饲养的方式，其优点是有运动场，活动地方较大，能使种鸭得到阳光的照射和新鲜空气，可以多活动增强体质，保持健康，精力充沛，增强抗病能力，提高生活性能，培育优良的后代，使留种鸭的体型、体重和生产力等各方面保持或超过亲代的性能，达到种用目的和标准。

但这类鸭舍投资较大，成本较高，饲养管理较不方便，不易观察到每只鸭的动态及生产情况，管理不便，易发生传染病，配种时受其他鸭的干扰。建造鸭舍时将整幢鸭舍隔成许多小间，每间饲养 1 公数母，可减少群养带来的不利影响。

(3)**密闭式商品鸭舍。**一般用于饲养生产肉鸭供应市场需要，以高床网上平养使用较多。其优点是可提高饲养密度，饲养管理方便，肉鸭的生长速度较快，劳动生产率较高，疾病容易防治。这类鸭舍一般以长江以北地区使用较多。鸭舍的建筑宽度可根据气候条件和通风情况而定，北方宜宽些，长江流域 10 米左右。

46. 如何进行鸭舍的结构设计?

(1)**鸭舍高度。**北方寒冷地区为利于保温和节省材料、鸭舍高度可以低些，一般檐口离地面高 2 米左右；长江流域区屋檐离地面距离 2.2～2.4 米；南方温暖区屋檐高需 2.5～2.8 米，以利夏季通风。肉用仔鸭舍檐口可适当低些，种鸭舍可适当高些。采用网上饲养的檐口可适当高些，采用地面饲养的檐口可适当低些。

(2)鸭舍跨度。鸭舍跨度直接影响舍内小气候，太窄不易保温，受外界气候变化影响大；太宽，造价高，不易通风换气。一般来说，考虑保温为主的北方养鸭区和育雏用房，鸭舍跨度可适当宽些；而需要考虑防暑为主的南方养鸭区和种鸭舍，房屋跨度可窄些。对华东地区和长江流域来说，肉用仔鸭舍跨度以 7.0 米、种鸭舍跨度以 5.0～5.5 米为宜，走道宽 1.0 米以上，通常是建成单列式，而且分成小间为佳。

(3)舍内地面。舍内应尽量铺水泥地面，同时应向运动场方向以面积的 1%～1.5%向外倾斜，以利排除室内水分。商品肉鸭舍或农家养鸭也可不铺水泥地，而用垫料，尤其是北方养鸭区，由于气候比较干燥，鸭舍需要保温，更适于在舍内采用垫料饲养。

(4)运动场。运动场应采用水泥地面，其面积是室内面积的 1 倍以上，同样应逐渐向水面方向倾斜，以利排水。

(5)小间分隔。若饲养群体较大，可将鸭群分到若干个小间饲养。小间的分隔视鸭舍宽度而定。一般肉用仔鸭每群 100 只，7 米跨度(1 米走道)的鸭舍 1 间，约 3.5 米宽，分隔成 20 米^2 的小间；种鸭每群 30 只，5 米跨度(1 米走道)的鸭舍 1 间，约 3.5 米宽，分隔成 14 米^2 的小间。隔间用网眼较小的铁丝网分隔，尽量少用尼龙网分隔，以免鸭头经常伸入网眼内被套住受损，严重时造成窒息。

(6)雏鸭舍。雏鸭在 20 日龄前要求舍内温暖、干燥，空气流通而无贼风，每幢育雏舍以容纳 1 000 只雏鸭为宜，檐高 2 米，窗与地面比例为 1：(10～15)，舍内分为 10 个小间，每间面积为 20 米^2，可容纳 20 日龄以内的雏鸭 200 只。舍内地面应比舍外高 25～30 厘米，地面可用黏土铺平压实或用粗沙铺地压实，亦可用方砖铺地，使地面保持干燥。

舍前设运动场，场地宜平坦，缓缓向水面倾斜，便于排水，如凹凸不平，易于积水，尤其雨天，一经鸭群踩踏则遍地泥泞，鸭群行动不便，易于引起跌伤，也影响清洁卫生和饲喂。

运动场与水面的距离应在 7～8 米，其中平地 4～5 米，连接水面的斜坡长 3～4 米，不宜过于倾斜，运动场的平坡区也可设置喂料区，用于外界气温较高、气候良好时雏鸭在外喂料饮水。

在雏鸭早期应在舍内靠走道一侧设置水食槽，这样既便于饲喂，又可防止早期在室外饲喂不利于雏鸭的保温。

当将雏鸭饲养至 20 多日龄可脱温时，将雏鸭的饲养密度可减少 1/2，将生长较快的一半转到另一幢仔鸭舍，留下另一半在原育雏舍饲养。

(7)种鸭舍或蛋鸭舍。种鸭舍每幢容量不超过 400 只为宜，檐高 2.5 米左右，窗与地面比例为 1∶10 左右，气温温和地区鸭舍朝南边可以无墙。舍内地面比舍外高 10～15 厘米，每平方米可养 3 只种鸭或 6 只蛋鸭。一般鸭场，在鸭舍一角设产蛋间，用高 60 厘米竹围成，设有 2～3 个小门，产蛋窝内地面铺以黄沙，其上垫以柔软的稻草。

鸭舍外有陆上运动场，场上应搭建遮阳棚，以供种鸭雨天活动和采食饮水之用，也可作夏天乘凉之用；同时需设置水上运动场，以供种鸭沐浴和交配之用。陆上运动场及水上运动场的宽度应略大于鸭舍宽度。

47. 养鸭需要有哪些设备和用具?

(1)育雏设备。

①自温育雏箩筐或自温育雏栏:自温育雏是依靠雏鸭自身散发的生物热,利用箩筐保温维持雏鸭所需的温度。南方养鸭多采用此法,农家养鸭数量较少时一般也可采用此法。自温育雏可节省燃料,但管理费工,适用于小规模育雏;尤其对自繁自养的鸭场,苗鸭出雏时间的不一,带来育雏时间不一样时,此法更适合。自温育雏箩筐大致分为两种:一种是用竹片编织的两层套筐,由筐盖、小筐和大筐拼合为套筐。

筐盖直径 60 厘米,高 20 厘米,为保温和喂料用;大筐直径 50~55 厘米,高 40~43 厘米,小筐的直径比大筐略小,高 18~20 厘米,套在大筐之内作为上层。大小筐底铺垫草,筐壁四周用草纸或棉布保温。每层可盛初生雏鸭 10 只左右,以后随日龄增大而酌情减少。这种箩筐还可供出雏和嘌蛋用。另一种是单层竹筐,筐底和周围用垫草保温,上覆筐盖或其他保温物。

筐内育雏,喂料前后提取雏鸭出入和清洁工作等比较烦琐。

自温育雏栏是在育雏舍用 50 厘米高的竹编成的篾围,围成可以挡风的若干小栏,每个小栏可容纳 100 只左右雏鸭,以后随日龄增长而扩大围栏面积。栏内铺上柔软且保温性好的垫草,篾上架以竹条盖上覆盖物保温,此法比在筐内育雏管理方便。

②给温育雏设备:多采用火炉与电力发热给温,此类设备

种类很多，如煤炉、炕道、暖气管和红外灯或油灯等。此法适用于寒冷季节大规模育雏，操作管理方便，舍内容易达到雏鸭所需的温度。煤炉育雏多采用铁煤炉和烟管，烟囱通向舍外，最好将煤炉、油桶等置于鸭舍内非育雏间，育雏间和非育雏间有隔离设施（如薄膜等），只有密封的烟管通过育雏间，这样在更换煤球或油桶时，不会给育雏舍内带来煤气的危害。

炕道育雏分地上炕道式与地下炕道两种，由炉灶与火道两部分组成，用砖砌，炉灶建于育雏舍外，烟口与建于舍内的火道相连，大小、长短、数量视育雏舍大小形式而定。地下炕道较地上炕道在饲养管理上方便，故多采用。炕道育雏靠近炉灶一端温度较高，远端温度较低，育雏时视日龄大小适当分栏安排。炕道育雏设备造价较高，热源要专人管理，燃料消耗较多。

(2)喂料器和饮水器。应根据品种类型和不同日龄，配以大小和高度适当的喂料器和饮水器，要求所用水、料器适于鸭的平喙采食、饮水特点，能使鸭头颈舒适地伸入料、水器内采食和饮水，但最好不要使鸭任意进入料、水器内。其形式和规格可因地而异。既可购置专用水、料器，或自行制作料槽和水槽，也可用木盘或瓦盆代用，用自制设备时，周围要用竹条编织围起，以免鸭进入槽内。

(3)软竹围和围栏。软竹围可圈围 20 日龄以下的雏鸭，竹围高 40～60 厘米，圈围时可用竹夹子夹紧固定。1 个月龄以上的改用围栏，围栏高 60 厘米，竹条间距离 2.5 厘米，长度依需要而定。

(4)产蛋巢或产蛋箱。一般生产鸭场多采用开放式产蛋巢，即在鸭舍一角用围栏隔开，地上铺以垫草，让鸭自由进入产蛋和离开。

良种繁殖场,如作母鸭个体产蛋记录,可采用自动关闭产蛋箱。箱高 50～70 厘米,宽 50 厘米,深 70 厘米。箱放在地上,箱底不必钉板,箱前开以活动自闭小门,让母鸭自由入箱产蛋,箱上面安装盖板,母鸭进入产蛋后不能自由离开,需集蛋者在记录后,再将母鸭捉出或打开门放出鸭。

(5)**运输笼。**作商品肉鸭运输用,每个竹笼可容 8～10 只,笼顶开一小盖,盖的直径为 35 厘米,笼的直径为 75 厘米,高 40 厘米。

六、鸭的饲料配制

48.鸭的饲养标准是怎样的?

为了使鸭体健壮,充分发挥其生产潜力,得到最好的生产性能,并且不浪费饲料,降低成本,取得最大的经济效益,就必须根据鸭的种类、周龄、生产目的及生产水平,结合代谢试验和饲养试验的结果,科学地制定鸭的饲养标准。饲养标准虽在养鸭生产中起着重要作用,但世界上没有一个通用的标准,不同的国家和地区应根据当地的实际情况,制定出适合本国或本地区使用的标准。商品肉鸭的推荐营养需要量见表 3,种蛋鸭及产蛋鸭的推荐营养需要量见表 4,商品代肉鸭日粮的营养推荐量见表 5。

表 3　商品肉鸭的推荐营养需要量

营养物质	雏鸭 (0～14 日龄)	中鸭 (15～35 日龄)	育肥鸭 (36 日龄到屠宰)
代谢能/(兆焦/千克)	13.05	12.88	12.64
蛋白质/%	22	19.5	16～17
代谢能/蛋白质/(兆焦/千克)/%	142	158	178～189
赖氨酸/%	1.2	1.1	1.0
蛋氨酸/%	0.45	0.34	0.27
蛋+胱氨酸/%	0.70	0.60	0.60
钙/%	1.1	1.0	1.0

续表 3

营养物质	雏鸭 (0～14 日龄)	中鸭 (15～35 日龄)	育肥鸭 (36 日龄到屠宰)
总磷/%	0.80	0.78	0.75
非植酸磷/%	0.60	0.53	0.40
食盐/%	0.40	0.40	0.45
锰/(毫克/千克)	55	55	55
锌/(毫克/千克)	33	33	33
碘/(毫克/千克)	0.35	0.37	0.37
硒/(毫克/千克)	0.15	0.15	0.15
维生素 A/(国际单位/千克)	5 513	5 713	5 713
维生素 D_3/(国际单位/千克)	882	882	882
维生素 E/(国际单位/千克)	6.62	4.41	4.41
维生素 K_4/(毫克/千克)	1.1	1.1	1.1
维生素 B_2/(毫克/千克)	3.31	3.31	3.31
维生素 B_{12}/(毫克/千克)	0.004 41	0.004 41	0.004 41
烟酸/(毫克/千克)	44.1	33	33
泛酸/(毫克/千克)	8.82	6.62	6.62
胆碱/(毫克/千克)	1 103	1 103	1 103
生物素/(毫克/千克)	0.10	0.10	0.10

表 4　种鸭及产蛋鸭的推荐营养需要量

营养物质	雏鸭 (0～14 日龄)	中鸭 (15～35 日龄)	后备鸭 (35 日龄后)	产蛋鸭种鸭
代谢能/(兆焦/千克)	13.05	12.88	11.29	11.72
粗蛋白质/%	22	19.5	13～14	16～20
代谢能/粗蛋白质/(兆焦/千克)/%	142	158	200～193	169～140
赖氨酸/%	1.2	1.1	0.75	0.70

续表 4

营养物质	雏鸭（0～14 日龄）	中鸭（15～35 日龄）	后备鸭（35 日龄后）	产蛋鸭种鸭
蛋氨酸/%	0.45	0.34	0.35	0.32
蛋氨酸+胱氨酸/%	0.70	0.60	0.54	0.58
钙/%	1.1	1.0	1.2	2.5～3.5
总磷/%	0.80	0.78	0.80	0.75
有效磷/%	0.60	0.53	0.50	0.42
食盐/%	0.40	0.40	0.40	0.40
锰/（毫克/千克）	55	55	55	44
锌/（毫克/千克）	33	33	33	55
碘/（毫克/千克）	0.35	0.37	0.37	0.33
硒/（毫克/千克）	0.15	0.15	0.15	0.15
维生素 A/（国际单位/千克）	5 513	5 713	5 700	8 820
维生素 D_3/（国际单位/千克）	882	882	882	882
维生素 E/（国际单位/千克）	6.62	4.41	4.41	11
维生素 K_4/（毫克/千克）	1.1	1.1	1.1	2.21
维生素 B_2/（毫克/千克）	3.31	3.31	3.31	6.62
维生素 B_{12}/（毫克/千克）	0.004 41	0.004 41	0.004 41	0.008 82
烟酸/（毫克/千克）	44.1	33	33	55
泛酸/（毫克/千克）	8.82	6.62	6.62	11
胆碱/（毫克/千克）	1 103	1 103	1 103	1 323
生物素/（毫克/千克）	0.1	0.1	0.1	0.1

表 5　商品代肉鸭日粮的营养推荐量

（中国农业科学院畜牧研究所试验研究取得的数据，供参考）

项目	育雏期（0～2 周龄）		生长期（3～5 周龄）		肥育期（6～7 周龄）		填鸭期（6～7 周龄）	
	最低	最高	最低	最高	最低	最高	最低	最高
代谢能/（千卡/千克）	2 800	3 000	2 900	3 100	2 950	3 100	2 900	3 000
代谢能/（兆焦/千克）	11.70	12.54	12.12	12.96	12.33	12.96	12.12	12.54
粗蛋白质/%	19.5	21.5	17.5	19.0	16.5	18.0	15.0	16.5
蛋氨酸/%	0.50	—	0.40	—	0.30	—	0.30	—
蛋氨酸＋胱氨酸/%	0.82	—	0.70	—	0.60	—	0.60	—
赖氨酸/%	1.10	—	0.85	—	0.65	—	0.60	—
苏氨酸/%	0.75	—	0.60	—	0.45	—	0.55	—
色氨酸/%	0.23	—	0.16	—	0.16	—	0.15	—
纤维素/%	—	4.00	—	5.00	—	6.00	—	5.00
脂肪/%	—	5.00	—	5.00	—	4.00	—	5.00
钙/%	0.80	1.00	0.80	1.00	0.70	0.90	0.70	0.90
非植酸磷/%	0.40	0.42	0.38	0.40	0.35	0.40	0.35	0.40
总磷/%	0.55	0.65	0.55	0.65	0.52	0.65	0.52	0.65

49. 鸭的营养需要有哪些?

(1)维持需要。管理和营养都会影响鸭的维持需要。在较热的鸭舍，鸭所需要的饲料能较少，因为用于维持体温的能量消耗较少。随着环境温度的升高，鸭的耗料是随之减少。当环境温度高于 30℃时采食量明显减少。笼养时由于鸭的活动量减少，能量消耗降低，表现为采食量的明显降低。

品种也影响鸭的维持需要。不同品种鸭的代谢或行为特征不同，其维持需要也不同。高产蛋鸭用于维持的相对量较低，个体大的鸭种较个体小的鸭种需要更多的绝对维持需要量。

(2)生产需要。对于肉鸭生产而言，生产需要确定依据是在一定上市日龄前提下，获得满意的上市体重和饲料转化效率。鸭子和其他畜禽一样，前期具有较快相对增重速度，后期有较快的绝对增长速度，采用分阶段饲养方式可以取得较满意的饲养效果和经济效益。

对于蛋鸭生产而言，生产需要确定应考虑多方面因素，具体包括以下几方面。

①阶段饲养：蛋鸭饲养期一般可粗略分成3个时期，即育雏期、育成期和产蛋期。育雏期和产蛋期的营养需要研究较多，结果已趋于一致，而育成期的营养需要研究较少，在生产实际中存在许多问题。育成期的限制饲养在蛋鸭生产实践中是一项成熟的技术，被广大养殖户所采用。限制饲养的优点在于节省饲养成本和提高蛋鸭的产蛋性能；而在蛋鸭生产上，由于蛋鸭的性成熟较肉鸭早，体成熟和性成熟相差时间短，是否采取限制饲养尚存在争议，但应鼓励控制蛋鸭开产体重，防止过多的脂肪沉积。

②饲料转化率：不管鸭子调整能量摄入的精确性如何，同样生产1千克鸭蛋，喂给高能量平衡日粮时的耗料量肯定比喂给低能量日粮时的耗料量少。一般认为，产蛋鸭营养素的日需要量是恒定的，因此根据采食量的变化调整营养素浓度比较合理。

③产蛋高峰持续期：营养因素对产蛋高峰持续期有非常明显的影响。营养不足或营养过剩均对产蛋高峰持续期产生不利影响。营养不足导致蛋形偏小，严重时产蛋率下降，营养过剩导致产蛋鸭过多的脂肪沉积，影响产蛋能力。

④蛋重：蛋重除与品种有关外，还与营养因素有关。提高蛋氨酸、粗蛋白、脂肪水平能增加蛋重，降低能量和蛋氨酸水平会降低蛋重。

⑤蛋壳质量：蛋壳质量与日粮中的钙、磷及维生素 D 有关。钙、磷及维生素 D 缺乏会产生无壳、薄壳、软壳、沙壳等蛋壳质量问题。在产蛋后期，适当添加鱼肝油及维生素 A、维生素 D、维生素 E 粉对提高蛋壳质量及产蛋能力有益。

50. 如何鉴别配合饲料的品质好坏？

配合饲料的品质优劣直接影响肉鸭的生长发育。高质量的配合饲料能够确保肉鸭正常生长。因此，选择好饲料直接关系到养鸭能否取得理想的经济效益。鉴别鸭饲料好坏应重点考虑以下问题。

①肉鸭养殖企业不应使用无标签的饲料产品。饲料生产企业应严格执行国家饲料标签标准和饲料卫生标准。养鸭户应根据自己饲养肉鸭品种的生产性能特点及营养需要量指标，检查所购买的饲料产品的标签标志，确定该饲料产品的营养品质是否能达肉鸭的营养要求。该饲料生产企业应确保产品的主要营养物质含量与标签标注的含量一致。

②打开饲料包装后，应认真观察饲料外观品质，要求无结块发霉现象、无异味、不潮湿、流动性好、有纯净饲料的香味。

③细心查看饲料的颜色是否正常。正常饲料的颜色为新鲜的淡黄色，与饲料添加色素产生的黄色显著不同。饲料中玉米、豆粕的含量高，饲料颜色黄，品质一般较好。如果发现配合饲料和浓缩饲料的颜色发黑发暗，表明在生产过程中使用了大量的低品质蛋白质饲料如菜子粕、胡麻粕、血粉等。配合饲料中使用的低品质的杂粕越多，颜色越暗，饲料的品质越差，鸭的采食量越大，饲料的转化效率越低。

④较重的饲料，石粉、贝壳粉等含量高，品质一般较差。

⑤肉鸭采食低品质的饲料后，生长速度降低，而采食量增加。

51. 我国的饲料卫生标准包括哪些内容？

饲料卫生标准是从保证畜禽用饲料的安全性、维护动物身体健康、确保畜禽产品品质安全的角度出发，对饲料中的主要有毒有害物质含量以法律条文形式，规定了最高限量。饲料中任何有毒有害物质含量超过了规定的指标，即为不合格饲料产品。

我国的饲料卫生标准 GB 13078—2001 是我国饲料法规体系的重要组成部分，对确保畜禽健康、肉蛋奶食品安全具有十分重要的意义。其主要内容规定了包括饲料原料、饲料添加剂、配合饲料中有毒有害物质如砷、铅、氟、铬、汞、镉、霉菌、黄曲霉毒素 B_1、氰化物、亚硝酸盐、游离棉酚、异硫氰酸酯、恶唑烷硫酮、六六六粉、滴滴涕等的允许含量或最高含量值。饲料卫生标准对保证饲料安全、动物健康发挥着重要作用，是饲料生产企业、肉鸭养殖户、饲料安全检验监督机构、人民法院判断饲料产品是否合格的重要法律依据。

52. 鸭饲料配方设计有哪些原则?

(1)符合鸭的营养需要。设计饲料配方时,应首先明确饲养对象,选用适当的饲养标准。在此基础上,可根据饲养实践中鸭的生长或生产性能等情况作适当的调整。

(2)符合鸭的消化生理特点。配合日粮时,饲料原料的选择既要满足鸭需求,又要与鸭的消化生理特点相适应,包括饲料的适口性、容重、粗纤维含量等。

(3)符合饲料卫生质量标准。按照设计的饲料配方配制的配合饲料要符合国家饲料卫生质量标准,这就要求在选用饲料原料时,应控制一些有毒物质、细菌总数、霉菌总数、重金属盐等不能超标。

(4)符合经济原则。应因地制宜,充分利用当地饲料资源,饲料原料应多样化,并要考虑饲料价格,力求降低配合饲料的生产成本,提高经济效益。

53. 为什么要进行日粮的配合与调整?

以下 3 种情况需配合不同的日粮或对日粮进行调整。

(1)根据鸭群生长或种鸭产蛋各阶段对营养的需要。肉仔鸭可以根据不同的生长阶段配制以下 3 种日粮。幼雏鸭,0～2 周龄;中雏鸭,3～4 周龄;肉仔鸭,4 周龄至出售。

肉种鸭和蛋鸭可根据其早期生长特点及产蛋阶段的产蛋率不同配制以下六种日粮:种鸭或蛋鸭幼雏期,0～4 周龄;种鸭或蛋鸭生长期，5～8 周龄；肉种鸭后备期，6～9 周龄；蛋种鸭后备期，9～18 周龄；种鸭或蛋鸭产蛋初期，开产至 50%的产蛋率；种鸭或蛋鸭产蛋前期，50%～75%的产蛋率；种鸭或蛋鸭产蛋高峰期，75%产蛋率以上。

鸭群的产蛋高峰期产蛋率愈高，与产蛋结束的末期产蛋率的差数愈大，配制日粮的种类以多为好。

这样既可比较恰当地满足种鸭产蛋的营养需要，又能节约蛋白质饲料和降低饲料费用；同时能防止种鸭因营养摄取过量而造成脂肪积累，防止因脂肪积累而加速产蛋率的下降。

(2)根据原料种类的变化。由于某些原料的供应有时会发生变化，因而日粮必须作一些调整，这种调整可能有以下 2 种情况。

一种是被动的调整，即某种原料喂完了，再配料时已没有这种原料，必须立即修改配方。这种被动的调整，如调整的原料不是主要品种，则被动的调整对鸭的生产性能影响不大，如调整的是主要品种，则将影响鸭的生长和产蛋。

另一种是主动的调整，配料时根据饲料供应状况，如各种原料数量的多少、质量的高低，及早作出估计和安排，主动进行适当的调整，以免因某种原料的缺乏造成饲料配方的突然变更而影响鸭群生产。

(3)根据季节的变化。气温随着季节而变化，鸭的采食量也随着温度的变化而波动。为了保证鸭群在不同的气温下仍能摄取到足够营养，应当根据气温的变化调整日粮的浓度，以保证鸭群的正常生产。

饲料的突然变化对生产性能总有影响，因而生产中应尽量减少这种突变，最好将上述几种变化有机地结合起来。

即将季节变化和原料种类的变化带来的日粮的调整与鸭的生长和产蛋率的高低时配方的调整结合起来，力求做到在各阶段日粮中的各种原料种类基本稳定，调整时仅改变量的多少，即稳中有变，变中求稳，减少变化，保证稳定。

54. 配合饲料时应注意的事项有哪些?

(1) **正确选择饲养标准。** 在当前的养鸭生产中，要求在使用科学的饲料配方时，必须要考虑鸭的生产阶段和生产水平，并正确选择与之相适应的饲养标准。

(2) **充分掌握各种原料的营养含量。** 最好在配制饲料前要对各种原料的营养含量进行实测，不能进行实测的，也要在充分了解原料的来源地后，正确地查出原料的各种营养素的含量。

(3) **选用的饲料要求品质良好。** 存放过久的饲料，维生素严重失效，这种饲料养鸭时易发生营养缺乏症，因而不宜选用。同时也不要用已出现酸败、霉烂、变质的饲料。

(4) **采用合理的加工设备和方法。** 在加工饲料时，由于受加工设备、环境条件及人员的影响，会出现加工出的饲料与要求不符合的现象。如果不考虑这个问题，长期使用在这种条件下生产出的饲料，将会使鸭产生营养缺乏症，给整个生产带来重大损失。

(5) **少用或慎用对鸭有不良影响的饲料。**

(6) **选用价廉易得的饲料。** 日粮的主要原料要因地制宜，来源丰富，尽可能发挥当地优势。也可用一部分甘薯、南瓜、马铃薯等代替一部分谷物类饲料，以求降低饲料成本。应尽量采用价廉和来源可靠、易得的饲料原料，以降低成本和保持配合饲料质量稳定。

(7)注意饲料的适口性。注意日粮的品质和适口性，忌用霉变或含有其他有害物质的原料配制日粮。影响饲料的适口性有两方面：一方面是饲料本身的原因，如高粱含有单宁，喂量过多会影响采食量。另一方面是加工造成的，如压制成颗粒料可提高适口性，而喂的粉料磨得过细，鸭吃起来发黏，会降低适口性。因此，粉料不可磨得太细，各种饲料的粒度应基本一致，以免鸭挑剔。

(8)尽量增加饲料的种类。在可能的条件下，日粮配合的饲料种类要尽可能多一些，以利营养物质的完善和平衡，提高饲料的营养价值和利用率。

(9)注意各种原料的大致比例。

(10)注意饲料的水分。饲料如水分含量高，干物质相对减少，为了使日粮的质量不受含水分高低的影响，应使饲料中的水分在规定范围内。也可根据饲料样品含水量，按比例增加该饲料的数量。

(11)严格按照规定的比例配合。配制日粮时，必须严格进行计量或过秤，各种饲料务必准确地按照规定比例进行配合。

(12)应根据鸭的生理特点来选料。配合鸭日粮时，粗纤维含量不宜太高，对鸭来说，一般不应超过5%，否则会降低饲料的消化率和营养价值。但也必须使配合的日粮中有一定的粗纤维量，一般在4%左右。

(13)饲料必须搅拌均匀。鸭的配合饲料由多种单一饲料混合而成，有的种类数量非常微小，所以必须混合均匀，特别是微量元素、维生素及抗生素等，必须先加辅料后再与其他饲料充分拌匀。

(14)**保持饲料质量的稳定。**要保持饲料质量的稳定，必须要做到：饲料原料质量的稳定，饲料加工方法的合理，饲喂中所喂饲料的数量及质量的稳定。

(15)**要正确认识饲料监测的重要性。**饲料监测是要取得科学合理的饲料配方的第一手材料，也是鉴定产品是否合格的理论依据。因此，要正确运用饲料监测这一手段，解决饲料生产过程中存在的一些问题。首先对购进的原料要全部化验，得出所需要的实际数据，并与理论数据相比较，供设计配方时参考。因为同一种原料购自不同地区，所含营养是不同的。大多数饲料生产者的采用的配方是依据营养价值分析表来计算各种原料的营养成分，这就造成很大差异；其次，原料存放时间过长也会影响其营养价值。所以对库存原料也要保持经常性监测。再有，对加工出的混合饲料要按期进行抽样化验，以便监察配方是否合理，设备是否运转正常，加工人员是否按要求操作等。

55.如何设计鸭的日粮配方？

(1)**了解各类原料及各种原料在鸭饲粮中的使用范围。**鸭的营养素甚多，在配制时应先了解清楚各类原料在鸭日粮中的使用比例，同时要了解清楚各种原料在鸭配合饲料中的一般使用范围。然后结合原料来源，初步考虑好各种原料在日粮中的份额。计算时，首先应抓住各种原料的代谢能、粗蛋白质、钙和磷等 4 项，食盐、微量元素、赖氨酸、蛋氨酸、胱氨酸及维生素可放在最后定量添加。

(2)饲料配方的计算方法。手工配制鸭日粮常用的方法为试差配制法。现以配制樱桃谷鸭雏鸭日粮为例来谈谈日粮的配制。主要原料有玉米、豆饼、菜子饼、进口鱼粉、麸皮、骨粉、石粉与食盐。配制程序如下。

第一步,找出樱桃谷肉鸭的各种营养物质需要量。

第二步,根据饲料来源情况,确定所用的原料为玉米、麸皮、豆饼、菜子饼、鱼粉。根据表6,设日粮中各原料分别占如下比例:玉米58%、麸皮5%、豆饼25%、菜子饼3%、鱼粉5%、食盐与矿物质3%、复合添加剂1%。查出上述所用的各种原料的营养成分。

第三步,将58%玉米、5%麸皮、25%豆饼、3%菜子饼、5%鱼粉,分别用各自的百分比乘以各自原料中的营养含量。如鱼粉的用量为5%,每千克鱼粉中含代谢能12.13兆焦,则5%鱼粉中含代谢能12.13兆焦×5%=0.6065兆焦,其余依此类推。

第四步,与饲养标准对照后发现代谢能低0.762兆焦,蛋白质低1.0兆焦,其他营养成分同样比标准少,所以各种营养成分必须都要增加。首先要考虑增加能量饲料和蛋白质饲料的比例,也就是说必须将麸皮减少,玉米增加;同样必须减少菜子饼的量,增加豆饼或鱼粉的量。调整后发现,当用玉米代替麸皮,用鱼粉代替菜子饼时,即日粮调整为玉米55%、豆饼25%、鱼粉8%时,日粮中的能量将达到12.87兆焦/千克;日粮中的蛋白质达到21.35%。这时饲料中钙为0.420%,有效磷为0.363%,蛋氨酸为0.337%,蛋氨酸+胱氨酸为0.648%,赖氨酸为1.136%。

第五步，加入矿物质饲料和食盐，补充氨基酸的不足。加入0.8%的骨粉、0.8%的石粉，这时日粮中含有的钙为0.99%，有效磷为0.494%。盐的加入量应根据鱼粉中盐的含量来定，如果进口鱼粉中已经含有3%的盐，则饲料中只要加入0.15%的食盐。同时在饲料补充0.16%的蛋氨酸，补充0.09%的赖氨酸。

56. 肉鸭日粮参考配方举例。

肉鸭日粮饲料配方见表6。

表6 肉鸭饲料配方 %

原料名称	雏鸭料(0～2周龄)	(3～6周龄)	(7～8周龄)
玉米	54	56	60.2
小麦		5	5
四号粉	6	5	5
豆饼	22.1	15.2	10
鱼粉(国产)	2		
菜子饼	5	5	6
棉子饼	5	8	8
石粉	0.5	0.5	0.5
贝壳粉	0.5	0.5	0.5
食盐	0.4	0.3	0.3
磷酸氢钙	1.5	1.5	1.5
玉米油	2	2	2
添加剂	1	1	1

(1)雏鸭(第1~25天)饲料要求。粗蛋白质20%、粗纤维3.9%、钙1.1%、磷0.5%。参考配方:玉米50%、菜饼20%、碎米10%、麸皮10%、鱼粉7.5%、肉粉1%、贝壳粉1%、食盐0.5%。

(2)中鸭(第26~45天)饲料要求。粗蛋白质17.5%、粗纤维4.1%、钙磷0.5%。参考配方:玉米50%、麸皮12%、碎米10%、食盐0.5%、菜子饼5%、大(小)麦17%、鱼粉4.5%、贝壳粉1%。

(3)育肥期配方。

配方1:前期用玉米35%、面粉26.5%、米糠30%、豆类(炒)5%、贝壳粉2%、骨粉1%、食盐0.5%;后期用玉米35%、面粉30%、米糠25%、高粱6.5%、贝壳粉2%、骨粉1%、食盐0.5%。

配方2:玉米35%、面粉26.5%、米糠25%、高粱10%、贝壳粉2%、骨粉1%、食盐0.5%。

57.养鸭场如何降低饲料成本?

(1)品种优良化。优良品种的鸭,其生产性能的遗传潜力较高,生长速度快,抗病力强,对饲料的利用率高,同样的日龄,消耗同样多的饲料,其增重比其他品种鸭大得多。

(2)使用全价饲料。可以提高饲料报酬 养鸭场(户)要充分利用在市场经济条件下,饲料厂家间的竞争,购进质优价廉的全价饲料。全价饲料是根据饲养标准,按科学配方配制的,能满足鸭的营养需要、饲料转化率高,使用这种饲料,虽然单位数量价格高,但综合经济效益好。

(3)加强饲养管理,减少饲料浪费。

①避免一次加料过多。用食槽喂鸭时,一次饲料加入量不能超过料槽深度的1/3。如果是人工上料,上完后要进行1~2次的匀料,饲养员要有责任心,如果上料不精心,致使少部分撒落到地面,这样日积月累,不仅浪费饲料,而且容易滋生疫病,影响其生产性能的发挥。

②及时出栏。肉鸭生长速度快,饲养周期短,应实行高水平饲养,喂给高能量、高蛋白饲料,以促进其生长,肉鸭一般在50天左右出栏较合适,因为这时肉鸭增重、饲料报酬已达高峰,经济效益最佳。在50日龄后肉鸭增重速度下降,饲料报酬降低。

③限制饲喂。种鸭和蛋鸭生产中,育成鸭要进行限制饲喂,有目的地控制喂量、日粮的能量和蛋白质水平。

④注意补充砂粒。饲料中不含砂粒,如平时不能定期补充砂粒,饲料的消化率将降低3%~10%。

⑤及时淘汰病、弱、残和不产蛋的鸭,公母鸭比例要适当,应用人工授精,减少公鸭饲养量。

⑥温度的控制。肉鸭的适宜生长温度一般为12~24℃。在此温度范围内可有效地利用饲料。因此,要尽量地创造条件,如冬季搭棚圈养,夏季搭棚遮阳等措施,以保温和降温来提高饲料报酬。

⑦定期称重。鸭各饲养阶段均有一个相对的体重标准,定期称重对合理利用饲料有重要意义。

⑧合理使用添加剂。矿物质、维生素、氨基酸等营养性添加剂是必需的,其他的非营养性添加剂如杆菌肽锌、土霉素、呋喃唑酮、喹乙醇等抑菌促生长剂对提高肉鸭增重和饲料利

用率有明显效果。

⑨供水和水质。鸭在消化饲料、吸收营养成分时需要吃入比饲料多1倍甚至1倍以上的水。供水不足带来的后果是采食和消化率下降；而水的质量达不到卫生标准，将导致腹泻等疾病。因此，要求饲养者必须提供充足、清洁符合卫生要求的饮用水，让鸭多吃快长，降低饲料成本，提高经济效益。

⑩料槽的构造。料槽的大小和结构对饲料的浪费影响很大，料槽过小、过浅、无槽，饲料浪费较多；过大、过深则影响采食和发育，因此要根据鸭龄大小，选择适宜的料槽。

改变料形，提高饲料转化率。饲料按形状分为粉料、颗粒料。通过对肉鸭的饲喂试验，结果表明：喂颗粒料不仅适口好，而且浪费少，饲料效率提高8%～10%。

58. 常用的饲喂方法有哪些?

(1)控制饲喂。控制饲喂是将每天按鸭应喂的日粮分成几份，按时分几次投喂。由于定时喂，可以使鸭形成条件反射，保持食欲旺盛，减少饲料浪费，便于经常了解鸭的采食及健康状况。定时、多次喂料，不仅花费劳动较多，而且定时喂料时在料槽不足的情况下易造成强弱和生长不匀现象。

(2)充分饲喂。充分饲喂又称自由采食，是指在食槽中昼夜都盛有饲料，自由采食。此法可减少饲喂工序，使鸭在想吃食时即可采食，可保持鸭群安静。这对饲养雏鸭或饲养商品鸭有效，可使雏鸭或商品肉鸭生长快且均匀；但对青年鸭或产蛋鸭，易造成过肥，不仅降低了饲料的利用率，也会造成种鸭产蛋率下降。

(3)限制饲喂。限制饲喂就是有意识地控制鸭的喂料量。

限制饲喂采用的方法主要有:限制日粮中的能量、限制日粮中的粗蛋白质或限制饲喂的时间。研究与实践证明,限制饲喂是饲养蛋用鸭或种用青年鸭的一种较为先进的、经济的饲养方法,已列为种鸭或蛋鸭育成期的一种重要的饲养技术措施。

①限制饲喂的优点:节约饲料,提高了饲料报酬,降低了生产成本。肉种鸭一般在9～10周龄时开始,到23～24周龄为止;蛋鸭一般在50日龄时开始,至90日龄时结束。在此期间后备种鸭可节约20%左右的饲料。

适当延迟性成熟期,可使开产种鸭产蛋整齐,蛋重大,提高了种蛋的合格率和孵化率。

②限制饲养的方法:限量、限时、限质3种方法。

限量就是喂平衡日粮,而在饲料的量上加以限制。一般喂正常采食量的80%～85%。

限时就是限制饲喂时间,喂时一般仍采用平衡日粮饲喂,饲喂量不减少。限时的常用方法有隔日饲喂法、每周饲喂5天或6天法。

限质就是破坏日粮营养的平衡,不限制喂量,用高纤维、低能量或低蛋白、高能量和低赖氨酸的饲料饲喂。

目前生产实践上多应用限量饲喂法,结合周龄的增长适当降低日粮能量和粗蛋白质水平。关于限量多少,应根据鸭群体重及体质情况来确定。一般来说,肉种鸭后备期的喂料量应控制在自由采食量的80%～85%。采用限制饲喂的肉种鸭群到26周左右开产时比自由采食的鸭群的体重一般轻10%左右。

(4)分阶段饲喂。根据生长水平、产蛋高低、体重、蛋重和气温等划分若干阶段，各阶段供应适宜的营养，既保持生产水平稳又高，又避免营养过剩和过肥对生产性能的影响。此法主要适用于产蛋期。分阶段饲养可使饲养更加合理，节省营养消耗，对降低成本有一定的意义。

一般产蛋期可分为 3 个阶段，从产第 1 个蛋开始至产蛋高峰期为第 1 阶段；产蛋高峰期为第 2 阶段；高峰后到产蛋结束为第 3 阶段。

从营养观点出发，第一阶段最为重要，该期既是产蛋上升期，同时在此阶段种鸭仍在生长，若营养供应不足，不仅使产蛋高峰上升慢，而且生长发育受到影响，宜造成整个产蛋期的产蛋率均受影响。但是若营养过剩，造成种鸭在产蛋前期就大量存积脂肪，从而严重影响整个产蛋期的产蛋率和受精率(公鸭过肥时)。一般在产蛋高峰以后，种鸭已近成年，这时生长已基本停止，且此时产蛋率已经减少，因此营养也应逐步下降。

59.限制饲喂应注意哪些事项?

①限饲前应将体重过小和体弱的鸭挑出单独喂或淘汰。

②限饲的鸭群容易发生啄癖，因而在开始时应注意观察。

③从 6 周龄起，每周要随机抽样称测体重 1 次，作为限饲的根据；在限饲开始后，每 2 周抽测 1 次，观察体重变化，以酌情增减饲料喂量。

④要备有足够的食槽和饮水器，每只鸭的采食宽度应保持在鸭体宽度的 1.4 倍左右。

⑤限制饲喂时，必须控制光照的时间，这样才能推迟种鸭的性成熟期。

⑥经常观察鸭群动态，同时防止各种应激因素，如发生疾病应立即停止限制饲喂。限制饲喂期如出现死亡率突然升高时，也应停止限饲。

(7)应给种鸭喂饲沙砾，每 100 只种鸭喂 1 千克砂砾，撒在垫草上或运动场上。

七、肉鸭饲养管理技术

60. 肉鸭育雏需要做好哪些准备工作?

育雏是一项艰苦而又细致的工作,是决定养鸭成败的关键,因此,必须在育雏前要做好充分准备。

(1)育雏设备及用品准备。做好房屋设备检修,准备充足的采食、饮水等育雏用具及饲料、药品等。地面饲养的准备足够的干燥清洁的垫料。

(2)清洗和消毒。育雏舍和使用的器具进行全面彻底地清洗和消毒。

①网床育雏。将网床和使用的器具及地面清洗干净,与鸭子直接接触的网床、器具要用氯制剂等腐蚀性小的消毒药消毒,地面用3%～5%的热火碱水溶液泼洒消毒。

②地面育雏。首先,将育雏室地面上的粪便、垫料彻底清除干净,不留死角;然后用高压水彻底冲刷地面,料槽水槽移出刷洗干净,空舍通风干燥2～3天;干燥后用3%～5%的火碱溶液喷洒屋顶、墙壁、地面,再用清水冲洗干净,同时用氯制剂消毒喂料和饮水器具;最后,铺上垫料,摆放好育雏用具,进行熏蒸消毒。

③熏蒸消毒。方法是将门窗、通风孔封闭严密,按每立方米空间用21克高锰酸钾+42毫升福尔马林,封闭熏蒸24小

时，开窗通风1～2天。

(3)温度控制。雏鸭到达前，提前12小时使育雏室达到30～32℃。

(4)饮水。雏鸭到达前，提前2小时将饮水放入舍内地面或床面上升温，同时在饮水中加入3%葡萄糖水或水溶性电解质多维，起到补充体液、增强体质、减少应激等作用。

61.如何科学地选择育雏方式?

常用的育雏方式主要有地面圈养、离地网养和立体笼育等。

(1)地面育雏。雏鸭直接放在育雏舍的地面上，地面铺垫清洁干燥的垫料(厚度为6～8厘米)，使雏鸭熟睡时不受凉，且有保温作用。但在饮水和采食区不垫料。这种育雏方式，设备简单，投资少，不论条件好坏，均可采用。但采用这种方式舍内必须通风良好，否则垫料潮湿、空气污浊、氨浓度上升，易诱发各种疾病。

(2)网上育雏。把鸭放在离地面60～70厘米的网架上饲养，网架、网面材料可以采用竹木条和铁丝网或塑料网。网材采用铁丝编织网时，网眼孔径为10毫米×10毫米。这种育雏方式的最大特点是环境卫生良好，雏鸭不与粪便接触，感染疾病的机会少;不用垫草，可节约垫料和劳力;温度比地面稍高，容易满足雏鸭对温度的要求，可节约燃料，而且成活率高。缺点是一次性投资比较大，腿病的发生率稍高。

(3)立体笼育。多采用单层笼养，也有采用两层重叠式或半阶梯式笼养。选用哪一种类型，应该配合建筑方式，并考虑饲养密度、除粪和通风换气设备三者的关系而定。

笼子可用金属或竹木制成长 2 米、宽 0.8～1 米、高 20～25 厘米。底板采用竹条或铁丝网，网眼 1.5 厘米。两层叠层式，上层底板离地面 120 厘米，下层底板离地面 60 厘米，上、下两层设一层粪板，单层式的底板离地面 1 米，粪便直接落到地面，食槽置于笼外，另一边设长流水。这种方法的优点在于充分利用育雏舍，提高单位面积的育雏数；适于大规模育雏，减轻劳动强度，提高劳动生产率；采食均匀，发育整齐，增重良好，提高育雏率；减少垫料的消耗，降低成本；避免雏鸭与粪便接触，防止传染病的发生。缺点是一次性投资比较大。

62. 如何选择优良的雏鸭？

雏鸭品质的好坏直接关系到雏鸭本身的育雏率和生长速度，也关系到长成后的生产性能。因此，选购优良雏鸭时必须考虑种鸭的饲养条件、种蛋的孵化条件、雏鸭本身的质量等因素。

(1)根据种鸭的质量选择。

(2)根据孵化条件选择。优质的种蛋，必须在条件良好的孵化厂才有可能孵化出优质的雏鸭。

(3)根据雏鸭的出雏时间选择。要选择按时出雏的孵化厂孵出的雏鸭。

63. 如何保证合理的育雏条件？

(1)温度。大型肉鸭是长期以来用舍饲方式饲养的鸭种，不像蛋鸭那样比较容易适应环境温度的变化。因此，在育雏期间，特别是在出壳后第1周内要保持适当高的环境温度，这也是育雏能否成功的关键所在。育雏的温度随供温方式不同而不同。

采用保温伞供温时，伞可放在房舍的中央或两侧，并在保温伞周围围一圈高约50厘米的护板，距保温伞边缘75～90厘米。护板可保温防风，限制幼雏活动范围，防止雏鸭远离热源。待幼雏熟悉到保温伞下取暖后，从第3天起向外扩大，7～10天后取走护板。保温伞和护板之间应均匀地放置料槽和水槽。保温伞直径2米可养雏鸭500只，2.5米可养750只。

保温伞育雏，1日龄的伞下温度控制在34～36℃，伞周围区域为30～32℃，育雏室内的温度为24℃。我国北方常用火炕或烟道供热，热源利用较为经济。若用地下烟道和电热板室内供温，则1日龄时的室内温度保持在29～31℃即可。2周龄到3周龄末降至室温。无论何种供温方式，育雏温度都应随日龄增长，由高到低而逐渐降低。至3周龄，即20天左右时，应把育雏温度降到与室温相一致的水平。一般室温为18～21℃最好。起始温度与3周龄时的室温之差是这20天内应降的温度。须注意的是，降温每周应分为几次，使雏鸭容易适应。不要等到育雏结束时突然脱温，这样容易造成雏鸭感冒和体弱。每天应检查或调节温度，使温度保持适当和稳定。保温伞的温度计应在伞边缘距离垫料与底网5厘米处，舍内温度计应在墙上，距地面约1米高处。笼养育雏时，一定要注意上、下层之间的温差。采用加温育雏取暖时，除了在笼层中间观察雏温度外，还要注意各层间的雏鸭动态，及时调整育雏温度和密度。若能在每层笼的雏鸭背高水平线上放一温度计，然后根据此处温度来控制每层的育雏温度，则效果会更好。

育雏温度是否合适，除根据温度计外，还可以从雏鸭的动态表现出来，这是最简易实用的方法。当育雏温度合适时，雏鸭活泼好动，采食积极，饮水适量，过夜时均匀散开；若温度过低，则雏鸭密集聚堆，靠近热源，并发生尖厉叫声；若温度过高雏鸭远离热源，张口喘气，饮水量增加，食欲降低，活动减少；若有贼风（缝隙风、穿堂风等）从门窗吹进，则雏鸭密集在热源一侧边。饲养人员应该根据雏鸭对温度反应的动态，及时调整育雏温度。做到"适温休息、低温喂食、逐步降温"，提高雏鸭的成活率。

(2)湿度。雏鸭体内含水量大，约占体重的75%。若舍内高温、低湿会造成干燥的环境，很容易使雏鸭脱水，羽毛发干。若群体大、密度高，活动不开，会影响雏鸭的生长和健康，加上供水不足甚至会导致雏鸭脱水而死亡。湿度也不能过高，高温高湿易诱发多种疾病，这是养禽业最忌讳的环境，也是雏球虫病爆发的最佳条件。地面垫料平养时特别要防止高温。因此，育雏第1周应该保持稍高的湿度，一般相对湿度为65%，以后随日龄增加，要注意保持鸭舍的干燥。要避免漏水，防止粪便、垫料潮湿。第2周湿度控制在60%，第3周以后为55%。

(3)密度。密度是指每平方米地面或网底面积上养的雏鸭数。密度要适当。密度过大，雏鸭活动不开，采食、饮水困难，空气污浊，不利于雏鸭成长；而过稀则房舍利用率低，多消耗能源，不经济。适当的密度既可以保证高的成活率，又充分利用育雏面积和设备，从而达到减少肉鸭活动量，节约能源的目的。育雏密度依品种、饲养管理方式、季节的不同而异。一般最大收容量为每平方米 25 千克活重。不同饲养方式雏鸭的饲养密度列于表 7。

表 7　雏鸭的饲养密度　　只/米^2

周龄	地面垫料平养	网上饲养	笼养
1	20～30	30～50	60～65
2	10～15	15～25	30～40
3	7～10	10～15	20～25

(4)光照。光照可以促进雏鸭的采食和运动，有利于雏鸭的健康生长。出壳后的头 3 天内采用 23～24 小时光照，以便于雏鸭熟悉环境，寻食和饮水，关灯 1 小时保持黑暗，目的在于使鸭能够适应突然停电的环境变化，防止一旦停电造成的集堆死亡。光的强度不可过高，过强烈的照明不利于雏鸭生长，通常光照强度在 10 勒克斯。一般开始白炽灯每平方米应有 5 瓦强度(10 勒克斯，灯泡离地面 2～2.5 米)。以后逐渐降低。在 4 日龄以后，可不必昼夜开灯。白天利用自然光照，早、晚喂料时，只提供微弱的灯光，只要能看见采食即可，这样既省电，又可保持鸭群安静，不会降低鸭的采食量。但值得注意的是，采用保温伞育雏时，伞内的照明灯要昼夜亮着。因为雏鸭在感到寒冷时要到伞下去，伞内照明灯有引导雏鸭进伞之功效。

(5)通风。雏鸭的饲养密度大，排泄物多，育雏室容易潮湿，积聚氨气和硫化氢等有害气体。因此，保温的同时要注意通风，以排除潮气等，其中以排出潮湿气最为重要。舍内湿度保持在55%～65%为宜。适当的通风可以保持舍内空气新鲜，夏季通风还有助于降温。因此良好的通风对于保持鸭体健康、羽毛整洁、生长迅速非常重要。开放式育雏时维持舍温21～25℃，尽量打开通气孔和通风窗，加强通风。如在窗户上安装纱布换气窗，既可使室内外空气对流，并以纱布过滤空气，使室内空气清新，又可防止贼风，则效果会更好。

(6)营养。刚出壳雏鸭的消化器官消化功能较弱，同时消化器官的容积很小，但生长速度很快，育雏期末的体重是初生重的十多倍。因此，只有满足雏鸭的营养需要，日粮中的能量、蛋白质、氨基酸和维生素、矿物质等营养全面，而且要平衡，比例适当，所配的饲料要容易消化；在饲喂上要少喂多餐，才能满足雏鸭快速生长的需要。

64.怎样实施良好的育雏日常管理？

(1)适时"潮水"和"开食"。

①潮水：雏鸭在开食前首次下水活动和饮水俗称"潮水"或"开水"。"潮水"能促进雏鸭的新陈代谢，刺激食欲，增进健康，提高生活力，因此，雏鸭必须先饮水后"开食"。"潮水"的时间应根据雏鸭的动态决定，一般在雏鸭干毛后能行走，并有啄食行为时(出壳后24～26小时)进行。"潮水"的方法视气温和鸭群规模而定。早春气候寒冷，可在室内用水盆盛水1厘米深，水中加入0.02%的土霉素，让雏鸭在水盆中嬉水3～5分钟，让它熟悉水性，饮些土霉素，以利排泄胎粪，促进生长，预防疾病。天气暖和时，将每只鸭篮装雏鸭50～60只，轻轻浸入水中少许，以水淹盖到雏鸭脚背为准，勿使腹部绒毛

浸湿，让雏鸭饮水、拉粪、嬉水3～5分钟，然后提出水面，放在干草上，让其理干绒毛。大群饲养时，可分批"潮水"。天气炎热，雏鸭数量多，来不及分批"潮水"时，可将溶有土霉素的水喷在雏鸭身上，让其互相吸吮绒毛上的水珠。在盆内或塘边潮水时，要避免浸湿绒毛。喷水时也不要把绒毛喷得过湿，以成水珠而不滴水为度，防止雏鸭受冻而感冒。

②开食：雏鸭第1次喂食称为"开食"。"潮水"后，让雏鸭理干绒毛。当雏鸭在鸭篮里兜圈子寻找食物，以手试之，有伸头张嘴啄食的表现时，即应"开食"，一般在"潮水"后2小时左右进行，也可在"潮水"后就接着"开食"。在工厂化笼养雏鸭时，饮水和"开食"应同时进行。"开食"饲料大多用蒸煮的大米或碎米，也可用碎玉米、碎大麦、碎小麦和小米。"开食"时，将饲料均匀地撒在竹席或塑料布上，随吃随撒，引逗雏鸭找食认食。对不会吃食的雏鸭，要注意调教。现代化养鸭业多用食槽盛装碎粒料"开食"的饲喂。食垫或食槽旁边要设饮水处，让雏鸭边吃食边饮水，防止饲料粘嘴和影响吞咽，以促进食欲，帮助采食。吃食后，将雏鸭缓慢赶入运动场上，让其理毛休息，待毛干后，再赶入育雏室，捉入鸭篮内。由于雏鸭消化机能还未健全，"开食"时只能吃六七成饱，以后喂量逐渐增加，3日龄后即可喂饱。

(2)适时"开青"和"开荤"。"开青"即开始喂给青绿饲料。饲养量少的养鸭户为了节约维生素添加剂的支出，往往补充青饲料来弥补维生素不足。青料一般在雏鸭"开食"后3～4天喂。雏鸭可吃的青饲料种类很多，如各种水草、青菜、苦荬菜等。一般将青饲料切碎单独喂给，也可拌在饲料中喂，以单独喂最好，以免雏鸭先挑食青饲料，影响精饲料的采食量。

“开荤”即给雏鸭开始饲喂动物性蛋白质饲料，即给雏鸭饲喂新鲜的“荤食”（如小鱼、小虾、黄鳝、泥鳅、螺蛳、蚯蚓等）。一般在5日龄左右就可“开荤”，先以黄鳝、泥鳅为主，日龄稍大一些以小鱼、螺蛳为主。

(3)放水和放牧。放水要从小开始训练，头5天可与“开水”结合起来，若用水盆给水，可以逐步提高水的深度，然后将水由室内逐步转到室外，即逐步过渡，连续几天雏鸭就习惯下水了。若是人工控制下水，就必须掌握先喂料后下水，且要等待雏鸭全部吃饱后才放水。待雏鸭习惯在陆上运动场活动后，就要引诱雏鸭逐步到水上运动场或水塘中任意饮水、游嬉。开始时可以引3～5只雏鸭先下水，然后逐步扩大下水鸭群，以达到全部自然地下水，千万不能硬赶下水。雏鸭下水的时间，开始每次10～20分钟，逐步延长，随着适应水上生活，次数也可逐步增加。下水的雏鸭上岸后，要让其在背风且温暖的地方理毛，使身上的湿毛尽快干燥后，进育雏室休息，千万不能让湿毛雏鸭进育雏室休息。

(4)及时分群。雏鸭分群是提高成活率的重要环节。第1次分群是在雏鸭“开水”前，可根据出雏的迟早和强弱分开饲养。笼养的雏鸭，将弱雏放在笼的上层、温度较高的地方。平养的要根据保温形式来进行，健雏放在近门口的育雏室，弱雏放在一幢鸭舍中温度最高处。第2次分群是在“开食”后3天左右，可逐只检查，将吃食少或不吃食的放在一起饲养，适当增加饲喂次数，并比其他雏鸭的环境温度提高1～2℃，同时，查看是否存在疾病等原因。此外，可根据雏鸭各阶段的体重和羽毛生长情况分群，各品种都有自己的标准和生长发育规律，各阶段可以抽称5%～10%的雏鸭体重，结合羽毛生长情况，未达到标准的要适当增加饲喂量，超过标准的要适当扣除部分饲料。

(5)投药管理。饲养雏鸭前3天给喂些营养性药物。例如：饮水中添加0.1%电解多维、5%葡萄糖。这样可以缓解雏鸭由于长途运输造成的疲劳，增强雏鸭抵抗力，减少新环境造成的应激。肉鸭育雏期易发病日龄在12～15日龄，这期间易发生大肠杆菌病和浆膜炎。养殖户一定要提前全群用一次抗生素，饮水投药连用3天。饮水给药注意事先要给鸭群控水2小时再给鸭群饮用药水，药水饮完再给饮清水。切忌不控水就直接饮药水，否则会有部分鸭子饮不上药水，达不到预防疾病的效果。

(6)消毒管理。控制肉鸭育雏期间疾病应以预防为主，而多数养殖户往往忽略不重视消毒，存在侥幸心理。适得其反，一旦肉鸭发生疾病，不仅浪费很多药品钱，还很难控制疾病的发生和蔓延。所以养殖户要想养好肉鸭，提高效益就必须重视日常预防性消毒工作。要做到每2天消毒1次，至少也得3天消毒1次。带鸭消毒时注意不要将消毒药直接喷到鸭体上，正确方法是喷雾器喷嘴朝上喷雾，使雾滴慢慢降落到鸭体上或舍内其他空间。消毒药用量要严格遵守消毒药说明用量，千万不要认为浓度大消毒效果就好，饲养户千万不要随意增加消毒药品的浓度和用量。

(7)垫料管理。平地养鸭都要使用垫料，选择质优价廉的垫料对于搞好育雏乃至肉鸭全程管理都十分重要。育雏期间垫料一般选择麦秸或稻壳，肉鸭进舍前铺在育雏舍地面上，厚度不少于2厘米，冬天还要加厚1～2厘米。当饲养人员发现垫料表层布满鸭粪并且潮湿时可以用耙子将垫料翻扒松动使粪便沉落到底层去，表层露出新鲜垫料。育雏期间垫料要保持干燥，鸭苗趴在潮湿垫料上面太凉，影响卵黄的吸收，如果卵黄吸收慢则肉鸭抵抗力很差，易发生疾病。这期间随着雏鸭日龄的增加，采食量加大，排泄物不断增多，鸭舍垫料极易潮湿。因此，要经常更换垫料，保持鸭舍干燥，搞好清洁卫生，给鸭子创造一个干净舒适的饲养环境。为节约养鸭生产成本，清理出来的育雏垫料可以放到鸭舍外边通风处，利用太阳光照晒干，晒干后装袋备用，待肉鸭出栏前 7 天再重复使用 1 次。

65. 肉仔鸭有哪些生产特点?

(1)生长特别迅速，饲料报酬高。肉用仔鸭的早期生长速度是所有家禽中最快的一种。8 周龄体重可达 3.2～3.5 千克，甚至 6～7 周龄即可上市出售。一般饲养至 8 周龄上市，全程耗料比为 1∶3 左右，饲养 7 周龄上市，全程耗料比降到 1∶(2.6～2.7)。因此，肉用仔鸭的生产要尽量利用早期生长速度快，饲料报酬高的特点，在最佳屠宰日龄出售。

(2)体重大、出肉多、肉质好。大型肉鸭的上市体重一般在 3 千克以上，比麻鸭上市体重高出 1/3～1/2，尤其是胸肌特别丰厚。因此，出肉率高。据测定 8 周龄上市的大型肉用仔鸭的胸腿肉可达 600 克以上，占全净膛屠体重的 25%以上，胸肌可达 350 克以上。这种肉鸭肌间脂肪含量多，所以特别细嫩可口。

(3)生产周期短，可全年批量生产。肉用仔鸭由于早期生长特别快，饲养期为 6～8 周，因此，资金周转很快，对集约化的经营十分有利。由于大型肉用仔鸭是舍饲饲养，加以配套系的母系的产蛋量甚高，无季节性的限制。

(4)采用全进全出制，建立产销加工联合体。肉用仔鸭的生产采用分批全进全出的生产流程，根据市场的需要，在最适屠宰日龄批量出售，以获得最佳经济效益。为此，必需建立屠宰、冷藏、加工和销售网络，以保证全进全出制的顺利实施。超过最适屠宰日龄不能出售，以致不能实施全进全出制，则会带来严重的经济损失。

66. 肉用仔鸭有哪些饲养方式?

肉用仔鸭大多采用全舍饲，即鸭群的饲养过程始终在舍内。这种管理方式要求日粮的营养成分必须完善。该方式又分为以下 3 种类型。

(1)地面平养。水泥或砖铺地面撒上垫料即可。若出现潮湿、板结，则局部更换厚垫料。一般随鸭群的进出全部更换垫料，可节省清圈的劳动量。这种方式因鸭粪发酵，寒冷季节有利于舍内增温。采用这种方式舍内必须通风良好，否则垫料潮湿、空气污浊、氨浓度上升，易诱发各种疾病。这种管理方式的缺点是需要大量垫料，舍内尘埃多，细菌也多等等。各种肉用仔鸭均可用这种饲养管理方式。

(2)网上平养。在地面以上 60 厘米左右铺设金属网或竹条、木栅条。这种饲养方式粪便可由空隙中漏下去，省去日常清圈的工序，防止或减少由粪便传播疾病的机会，而且饲养密度比较大。

网材采用铁丝编织网时，网眼孔径：0～3 周龄为 10 毫米×10 毫米，4 周龄以上为 15 毫米×15 毫米。网下每隔 30 厘米设一条较粗的金属架，以防网凹陷，网状结构最好是组装式的，以便装卸时易于起落。网面下可采用机械清粪设备，也可用人工清理。采用竹条或栅条时，竹条或栅条宽 2.5 厘米，间距 1.5 厘米。这种方式要保证地面平整，网眼整齐，无刺及锐边。实际应用时，可根据鸭舍宽度和长度分成小栏。饲养雏鸭时，网壁高 30 厘米，每栏容 150～200 只雏鸭。食槽和水槽设在网内两侧或网外走道上。饲养仔鸭时每个小栏壁高 45～50 厘米，其他与饲养雏鸭相同。应用这种结构必须注意饮水结构不能漏水，以免鸭粪发酵。这种饲养方式可饲养大型肉用仔鸭，0～3 周龄的其他肉鸭也可采用。

(3)**笼养。**目前在我国，笼养方式多用于养鸭的育雏阶段，并正在大力推广之中。改平养育雏为笼养，在保证通风的情况下，可提高饲养密度，一般每平方米饲养 60～65 只。若分两层，则每平方米可养 120～130 只。笼养可减少禽舍和设备的投资，减少清理工作，还可采用半机械化设备，减轻劳动强度，饲养员一次可养雏鸭 1 400 只，而平养只能养 800 只。笼养鸭不用垫料，既免去垫草开支，又使舍内灰尘少，粪便纯。同时笼养雏鸭完全处于人工控制下，受外界应激小，可有效防止一些传染病与寄生虫病。加之又是小群饲养，环境特殊，通风充分，饲粮营养完善，采食均匀。因此，笼养鸭生长发育迅速、整齐，比一般放牧和平养生长快，成活率高。比如北京鸭 2 周龄可达 250 克，比平养体重高 35.4%，成活率高达 96% 以上。笼养育雏一般采用人工加温，因此舍上部空间温度高，较平养节省燃料；且育雏密度加大，雏鸭散发的体温蓄积也多。一般可节省燃料 80%。

目前不少养殖场多采用单层笼养，但也有采用两层重叠式或半阶梯式笼养。选用哪一种类型，应该配合建筑方式，并考虑饲养密度、除粪和通风换气设备三者的关系而定。

我国笼养育雏的布局采用中间两排或南北各一排，两边或当中留通道。笼子可用金属或竹木制成，长 2 米、宽 0.8～1 米、高 20～25 厘米。底板采用竹条或铁丝网，网眼 1.5 厘米^2。两层叠层式，上层底板离地面 120 厘米，下层底板离地面 60 厘米，上下两层间设一层粪板。单层式的底板离地面 1 米，粪便直接落到地面。食槽置于笼外，另一边设长流水。

67. 如何提供中雏期仔鸭良好的饲养条件？

(1)温度、湿度和光照。室温以 15～18℃最宜，冬季应加温，使室温达到最适温度（10℃以上）。湿度控制在 50%～55%。应保持地面垫料或粪便干燥。光照强度以能看见吃食为准，每平方米用 5 瓦白炽灯。白天利用自然光，早晚加料时才开灯。

(2)密度。地面垫料饲养，每平方米地面养鸭数为：4 周龄 7～8 只，5 周龄 6～7 只，6 周龄 5～6 只，7～8 周龄 4～5 只。具体视鸭群个体大小及季节而定。冬季密度可适当增加，夏季可减少。气温太高，可让鸭群在室外过夜。

(3)饲喂次数。白天 3 次，晚上 1 次。喂料量原则与育雏期相同，以刚好吃完为宜。为防止饲料浪费，可将饲槽宽度控制在 10 厘米左右。每只鸭饲槽占有长度在 10 厘米以上。

(4)饮水。自由饮水，不可缺水，应备有蓄水池。每只鸭水槽占有长度 1.25 厘米以上。

(5)垫料。地面垫料要充足，随时撒上新垫料，且经常翻晒，保持干燥。垫料厚度不够或板结，易造成胸囊肿，影响屠体品质。

68. 怎样给中雏期仔鸭实施有效的日常管理？

3～7周龄的肉鸭称为中雏。中雏期是鸭子生长发育最迅速的时期，对饲料营养要求高，且食欲旺盛，采食量大。中雏期的生理特点是对外界环境的适应性较强，比较容易管理。其饲养管理的要点如下。

(1)过渡期的饲养。

①饲料：从雏鸭舍转入中雏舍的前3～5天，将雏鸭料逐渐调换成中雏料，使鸭逐渐适应新的饲料。

②温度：除冬季和早春气温低时采用升温育雏饲养外，其余时期中雏的饲养均采用自然温饲养方法。

③空腹转舍：转群前必须空腹方可运出。

④逐步扩大饲养面积：若采用网上育雏，则雏鸭刚下地时，地上面积应适当圈小些，待雏鸭经过2～3天的锻炼，腿部肌肉逐步增强后，再逐渐增大活动面积。因为中雏舍的地面积比网上大，雏鸭一下地，活动量增大，一时不适应，容易导致鸭子气喘、拐腿，重者甚至引起瘫痪。

(2)中雏期的饲料。中雏期鸭子生长发育迅速，对营养物质要求高，要求饲料中各种营养物质室温相差不大(一般不超过3～5℃)，这时就应在开始几天适当增温，使营养物质不仅全面，而且要配比合理。科学实验证明，该期使用全价配合饲料能使肉鸭生长快，缩短饲养周期，提高饲料报酬，减少饲料浪费，降低饲养成本，提高经济效益。

(3)**饲喂。**根据中雏的消化情况，一昼夜饲喂4次，定时定量。投喂全价配合饲料，或者用混合均匀的粉料，用水拌湿，然后将饲料分堆撒在料盆内或塑料布上，分批将鸭赶入进食。

鸭在吃食时有饮水洗嘴的习惯，鸭舍中可设长形的水槽或在适当位置放几只水盆，并及时添换清洁饮水。

(4)**管理。**

①保持鸭舍内清洁干燥：中雏期容易管理，要求圈舍条件比较简易，只要有防风、防雨设备即可。但圈舍一定要保持清洁干燥。夏天运动场 要搭凉棚遮阳，冬天要做好保温工作。

②密度适当：中雏的饲养密度，肉用型雏鸭每平方米8～10只，兼用型10～15只，随雏龄增大，不断调整密度，以满足雏鸭不断生长的需要，不至于过于拥挤，从而影响其摄食生长，同时也要充分利用空间。

③分群饲养：将雏鸭根据强弱大小分为几个小群，尤其对体重较小、生长缓慢的弱中雏应强化培育，集中喂养，加强管理，使其生长发育能迅速赶上同龄强鸭，不至于延长饲养日龄。

④光照：适当的光照有益于中雏的生长发育，所以中雏期间应坚持23小时的光照制度。

⑤沙砾：为满足雏鸭生理机能的需要，应在中雏鸭的运动场上，专门放几个沙砾小盘，或在精料中加入一定比例的沙砾，这样不仅能提高饲料转化率，节约饲料，而且能增强其消化机能，有助于提高鸭的体质和抗逆能力。

⑥放牧：放牧不仅可以增强鸭群体质、锻炼鸭群适应自然

环境的能力，对农作物也能起到除草、除虫和施肥的作用。在水草繁茂季节和地区放牧的鸭群能充分得到所需要的动植物性饲料，放牧归来后不必补充饲料；在水草及其他动植物性饲料不足的季节或地区放牧时，傍晚要进行补饲。在缺少水源的场地放牧时要带足饮水供鸭群饮用，放牧时还要注意以下事项。

要了解放牧地的情况，不能在刚施过农药化肥的地里放牧，以防中毒。

炎热季节只能在清晨或傍晚放牧，而且要就近放牧，防止中暑。

在刮风天气要逆风而放，这样鸭毛不会被风吹开，鸭群不至于受凉。

在水中放牧以逆水为好，便于鸭群觅食。

夏季中午在水中放牧时，不要让鸭群在水中停留。

69. 如何选择正宗的种鸭？

种鸭的好坏，直接影响后代的生长速度，体格大小和产蛋性能。种鸭的选择方法如下。

(1)体型外貌。体型外貌是一个品种的重要特征，也是生产力高低的主要依据，因此，选择的种鸭必须具有本品种的固有特征，同时更应侧重于经济类型的选择。

①种公鸭的选择：头大、颈粗、胸深而突出，背宽而长，嘴齐平，眼大而明亮，腿粗而有力，体格健壮，精神活泼，生长快，羽毛紧密，有光泽，性欲旺盛。

②种母鸭的选择：以产蛋为目的，选择的母鸭应体长而丰

满但不肥胖，嘴长，眼大而灵活，头稍小颈细长，腿粗壮，两腿间的距离宽，胸部深宽，臀部丰满下垂而不擦地，尾部宽扁齐平，走路稳健，觅食力强，羽毛细致，麻鸭的斑纹要细。如果以产肉为目的，应选择体长，背宽，胸深而突出，羽毛丰满，行动迟缓，性情温驯，生长快的鸭子。

(2)根据生产力进行选择。

①产蛋力。产蛋力同鸭的成熟期和换羽期的早晚、蛋的重量等因素有关。一般开产日龄早，换羽迟，蛋型大，产蛋持续时间长，产蛋力就高，相反，产蛋力就低。

②产肉力。产肉力是肉用型鸭选种的重要指标之一，包括体重、生长速度、肥育能力和肉的品质等。因此，选种时应选同群中生长最快，体重较大，并符合本品种特征者为好。

③繁殖力。鸭的繁殖力通常指产蛋量，受精率，孵化率和雏鸭的成活率等。繁殖力的高低与经济效益关系密切，繁殖力高则经济效益大，反之则低。

70. 如何做好肉用种鸭育成期的饲养管理工作？

育成鸭也称后备鸭。这一阶段是种鸭绝对增重最快的阶段，生长发育迅速并达到性成熟和体成熟，是决定成年种鸭繁殖性能好坏的最关键时期。这一时期最主要的管理工作是通过限制饲喂和光照控制以控制种鸭体重与开产日龄，饲养管理方法与肉用商品鸭有很大的不同。如果此阶段饲养管理不当可能会导致成年种鸭繁殖性能低下，经济价值降低，甚至失去种用价值。

(1)严格限饲,使种鸭实际体重沿目标体重曲线生长。在育成期对种鸭群实限制饲养,可以使实际体重落在目标体重范围之内,性成熟时间适中,增加产蛋总量,降低产蛋期死亡率,提高受精率和孵化率,发挥其最佳生产性能。

种鸭限饲的措施很多,在实践中常限制日饲喂量,即根据体重生长曲线来确定每天的供料量。

饲喂量确定方法:第 4 周末,鸭群随机抽样 10%空腹称重,计算平均体重,与推荐体重比较,来确定下周的喂料量。实践中,应在肉鸭的各周抽样称重,将计算体重标在体重曲线图上,与标准曲线图相比较,通过及时调整饲喂量,使实际生长曲线沿标准生长曲线生长,保持每周体重都有一个稳定的增长幅度。

在限饲中应注意的问题:管理科学化、程序化。鸭有戏水并清洗残留食物和洁身的遗传特性,所以饮水器(或水槽)应放置在运动场(或舍内)的一侧有水沟的板条(或竹排)上。鸭群在饮水时的排泄物和溅出的水可以从水沟里及时排走,并经常用水清洗水沟和竹排,保持运动场(舍内)环境干燥卫生。鸭的排泄物中含有大量水分,很容易使舍内环境潮湿,产生大量氨气等有害气体,使舍内空气污浊,所以每天应更翻垫料至少两次并及时增添垫料,保持舍内垫料松软干燥、空气清新。

(2)控制鸭群适宜的密度。当鸭群在垫料(稻壳)上育成饲养时,每只鸭至少应有 0.45 米^2 的活动空间,鸭舍分隔成栏,每栏以 200～250 只为宜,群体过大,往往造成个体差异大和伤残率高。

(3)足够的采食面积和饮水空间。保证鸭群吃料均匀,饮水充足。在育成期，每只鸭采食面积(料槽)以 13～15 厘米为宜，饮水空间(水槽)以 4.5～6 厘米为宜。运动场内应设置 2 米^2 左右，0.5 米深的洗浴池，供鸭定期洗澡，保持种鸭清洁并有利于种鸭的健康。

(4)定期称重。根据体重大小及时调整鸭群。从第 4 周开始，每周末随机抽样鸭群的 10%，进行称重，计算其平均体重和整齐度及变异系数，根据体重大小来确定下周的饲喂量，并及时调整分群，缩小群体的个体差异。

每周加料幅度不宜过大，一般每次增加料量 2～4 克为宜，使鸭群逐渐达到预期体重，保持每周一个稳定的增长速度。

每天喂料量和每天鸭群只数要准确技术与推算。称量准确的饲料在早上一次性快速投入料槽，尽可能地使鸭群均匀地吃掉饲料。

鸭的敏感性较强，必须考虑到应激因素，如通风不良、称重及免疫接种、转群等对鸭群体重的不良影响，特别是在免疫接种时，应在饮水或饲料中添加维生素 C 和电解质多维素 200～300 毫克/千克，以防应激。

(5)实行公母分开饲养。由于后备公母鸭群中应配备少量的“印记母鸭”(1∶4.5)，以使后备公鸭的生殖系统发育。

71. 如何采用体重和体型的双重标准调控后备种鸭群的生长?

(1)提高种鸭群的整齐度，促使平衡发育。后备种鸭群的整齐度主要是指体重和体型发育的一致性。要想使种鸭群在产蛋期发挥高产稳产性能，它不仅要求种鸭群的体重符合标准体重，而且体型和体重的整齐度也要很高(80%以上)，体重的整齐度主要是指该鸭群达到目标体重±10%的达标均匀度。在生物统计学则以变异系数来表示。后备种番鸭群发育的一致性较好。

体型的整齐度评价通常是以种鸭的颈长(X)±5%范围内的个体数占测量群体总数的百分数来表示。测定方法：从第4周龄起随机抽样鸭群的5%～10%，每周测胫长1次，做好记录，计算其平均胫长及整齐度。

(2)体型一致性发育的调控。多年来的饲养实践证明，只有鸭群体重和体型一致性良好时，才能有好的生产性能。体型发育不好、体重偏轻的鸭群，产蛋早期蛋重小，畸形蛋偏多，孵化率低；体型发育不好，体重超标的鸭群会发生严重的脱肛现象。在饲养管理中，应着重抓好8～14周龄的体型和体重发育(已完成体型发育的90%以上)。其主要措施有以下几方面。

①在育雏期间饲喂全价配合饲料，保证营养充足。在育雏8周龄前，应喂以高能高蛋白的育雏料，使日粮最小营养水平达到代谢能12.14兆焦/千克、粗蛋白质22%。保证雏鸭形成一个良好的骨骼发育系统。

②调控饲养，使其协调发展。如果在实际生产中，发现体型和体重不能协调发展，则要求在定性、定量分析的基础上，通过改进饲养手段或改变饲料营养成分加以调整。

③实施科学的光照制度。控制光照可以控制性成熟，使其性成熟和体成熟的发育保持一致性，适时开产。下面的光照程序仅供参考：0～6日龄，每天光照23小时，7～21周龄，

逐渐过渡到自然光照，在 4～20 周龄仅给自然光照，21～26 周龄逐步将光照增至 17 小时，直至产蛋结束。

总之，采用体重和体型的双重标准，在养禽生产中越来越受到人们的重视。通过定期监测和调控后备种鸭群的生长，使其协调发展，才能培育出整齐度好，高产、稳产的后备种鸭群，提高种鸭场的经济效益。

72. 如何对种鸭进行限制饲喂和体重检测?

(1)饲喂量的确定。从 5 周龄开始完全改喂育成期日粮，每日每只给料 150 克(或按育种公司提供的标准给料，如表 5 确定给料量)。28 日龄早上空腹称重，计算出每群公、母鸭的平均体重，与标准体重比较，标准范围±2%内皆为合格，然后按各群的饲料量给料。以后直到 23 周龄，每周第 1 天早上空腹称重，比例为 10%（公鸭可按 20%～50%)。若低于标准体重，则增加 10 克/(只・天)或 5 克/(只・天)；若高于标准体重，则减少 5 克/(只・天)。若增加(或减少)饲料还没有达到标准，则再增加 10 克或 5 克（或减少 5 克)。当达到标准体重时，下周按 150 克/(只・天)饲喂。确保公母鸭接近标准体重。

(2)限喂方法。一种是按限饲量将 1 天的全部饲料一次投入，或早上投料 70%，下午投料 30%；另一种是把 2 天应喂的饲料 1 天 1 次投入，第 2 次不喂料，称为隔日限饲。实践证明隔日限饲的效果更佳。无论哪种限饲法，在喂料当天的第一件事都是早上 04:00 开灯，按每群分别称料，然后定时投料。

73. 如何搞好育肥鸭的饲养管理?

育肥方法可分为放牧育肥法、舍饲育肥法和填喂育肥法3种。

(1)放牧育肥法。这种方法季节性较强,主要是结合夏收,秋收,在水稻或小麦收割后,将肉鸭赶至田中,觅食遗粒和各种草籽,昆虫以及矿物性饲料,使肉鸭获得较为全面的营养,迅速生长,达到育肥的目的。也可利用天然池沼湖泊放牧育肥。视觅食饥饱情况适当补料或不补料。用这种方法生产肉鸭,耗料少,成本低。麻鸭品种多采用此法育肥。但不要在有农药或被废水污染的地方放牧。

在管理上,白天则放牧于稻(麦)田,河流,池沼,湖泊或海滩,任其自由采食。放牧时间视季节和天气而定,一般上下午各4小时,中午赶到岸上休息。每日补料3次,即早上放牧前,中午休息时和傍晚收牧后各喂1次,喂量视放牧觅食情况而定。如天然饲料丰富,也可减少补料次数。如利用池沼,湖泊长期放牧,宜在湖内选择四面环水又带有缓坡的土墩建造简易舍,便于鸭群歇息和宿夜。

(2)舍饲育肥法。没有放牧条件或天然饲料较少的地区多采用此法。可以因地制宜,就地取材,在有水塘(或建人工水塘)的地方建造既有水面又有运动场的鸭舍。在运动场与水塘之间有30度的缓坡,便于鸭群出入水塘。水塘的水深以50厘米为宜。

这种方法主要是通过适当限制鸭的活动和饲喂稻谷、碎米、米糠、高粱,玉米等含碳水化合物较多的饲料,使肌肉迅速丰满和积聚脂肪，以利于增重和育肥。

舍饲育肥的饲料要多样化而不应过于单纯，同时多喂青饲料。每天喂3次，任其食饱。经常供给清洁饮水。每次喂料后将鸭赶到水塘活动片刻，然后在运动场上理干毛。

管理上要限制活动和放水时间，以减少热能的消耗。夏季中午气温较高，鸭的食欲下降，采食量减少时，可多喂青料；而早晚气温较低，鸭的食欲好，采食量大，因此早上要喂得早，晚上要喂得晚，早晚2次喂料要让鸭子吃饱。

饲料中还应加入10%的砂粒或将砂粒放在运动场的角落，任鸭采食，以助消化，提高饲料转化率。日粮的配合以含粗蛋白质14%，代谢能12.13兆焦/千克为宜。

(3)填喂育肥法(填鸭)。这种方法主要是用人工强制鸭子吞食大量高能量饲料，使其在短期内快速增重和积聚脂肪。北京鸭及其杂交鸭均采用这种方法育肥。北京鸭养至50～55日龄，体重达1.5～1.75千克时，便开始填肥，填肥期一般为2周左右。

①填鸭饲料：一般以易于消化且含碳水化合物较多的饲料为主，如稻谷粉、大米粉、玉米粉、小麦粉、高粱粉、土面(面粉厂里的飞面)等，配以豆饼和糠麸10%左右，骨粉1%～1.5%，贝壳粉1%～2%、食盐0.3%～0.5%。另每50千克饲料掺入10千克直径0.1～0.2厘米的沙粒(或设置沙盆放在运动场上让鸭自由采食)，填鸭日粮的粗蛋白质水平为11%，代谢能2800千卡/千克。

为了提高屠宰质量，填鸭日粮可分为前期料和后期料，各填喂1周左右。前期要求填鸭继续长骨骼和肌肉，使填鸭增重和健壮，粗蛋白质水平适当高些，为15%～16%，而能量稍低;后期要求填鸭积聚皮下脂肪和肌间脂肪,增加肥度,改善品质,日粮中能量稍高,而粗蛋白质水平可以低些。

前期料:玉米 35%、米糠 30%、土面 30%、黑豆 5%、贝壳粉 2%、骨粉 1%、食盐 0.5%。日粮中含粗蛋白质 14.7%、粗纤维 5.4%。

后期料:玉米 35%、米糠 25%、土面 30%、高粱 10%、贝壳粉 2%、骨粉 1%、食盐 0.5%。日粮中含粗蛋白质 12.6%、粗纤维 4.5%。

填肥开始前,先将鸭子按公母,体重分群,以便分别掌握填喂量。一般每天填喂 3～4 次,每次间隔时间相等。

②填喂方法:分为手工填喂法和填料机填喂法两种。

手工填喂法:填喂前,先将填料用水调成干糊状,用手搓成长约 5 厘米,粗约 1.5 厘米,重约 25 克的硬如面糕的圆条(俗称剂子)。填喂时,填喂员用两腿夹住鸭体两翅以下部分,左手掌心执鸭的后脑,大拇指和食指将鸭嘴上下喙撑开,中指压住舌的前端,右手拿剂子 2～3 个,用清水沾一下后,用中指塞入鸭的食道,并顺手由上而下抚摸食道,使剂子滑入食道膨大部。每次要填饱,但注意不要误入气管和填得过饱。每天填 3 次,初期每次填 4～5 个剂子,以后逐渐增多,到后期每次可以填 8～10 个剂子。

填料机填喂法:在天气不很热时,填喂前 3～4 小时将填料用清水拌成半流体浆状,使饲料软化,这样可提高消化率和饲料效率。但在天气炎热时则不宜提前拌料,防止填料发酵变质。水与干粉料比例约为 6∶4,一般每天填喂 4 次,每次填喂量按水料计,第 1 天 150～160 克,第 2～3 天 175 克,第 4～5 天 200 克,第 6～7 天 225 克,第 8～9 天 275 克,第 10～

11 天 325 克，第 12～13 天 400 克，第 14 天 450 克。

填喂时，先将拌成浆状的填料装入填料机的料桶，填喂员用左手捉鸭，以左手掌心握住鸭的后脑，以拇指和食指撑开鸭嘴的上下喙，中指压住鸭舌的前端，右手轻握食道膨大部，将鸭嘴送向填食胶管，让胶管插入鸭的咽下部，这时要将鸭体放得与胶管平行，以免损伤鸭的食道；如用手提式填料机，则右手放开食道膨大部，向下扳动压食杆，填喂完毕，将压食杆上抬后再将鸭嘴向下抽出；如用电动填料机，以左脚压动开关，右手扶鸭头，松开左手，待填料全部压入食道膨大部后，再把鸭退下。在松开左手的同时，右手可捉住另一只鸭，从而提高工效。

③填鸭的管理：抓鸭填喂要慢赶、慢抓、慢入管、慢压食、慢放，防止意外事故；每次填喂后适当放水活动，清洁鸭体；整天供给清洁饮水，以帮助化食；每隔 2～3 小时，轻轻哄起填鸭走动一次，促其排粪、饮水，以免久卧不起、腿部瘫软或淤血、胸腹部出现挫伤等；舍内和运动场地面要平整，防止填鸭跌伤；舍内保持干燥；天气炎热时，要注意防暑降温，运动场应搭设凉棚遮阳，白天少填，晚上多填，并让填鸭在运动场上露宿。填鸭的饲养密度不宜过大，每平方米前期 2.5～3 只、后期 2～2.5 只为宜；保持鸭舍环境安静，减少应激，以免影响增重。

④填鸭肥度的检查：一般填鸭经 2 周左右填肥，体重在 2.5 千克以上时便可以出售。肥度好的填鸭，胸部丰满，背部宽阔，两翅根下肋骨的脂肪球大而突出，尾部丰满。肥度一般的填鸭，胸骨微有凸起，背部脊椎骨和肋骨可触及，两翅根下肋骨上有少许脂肪球突出，尾部稍丰满，可摸到耻骨。

74.怎样改善肉鸭胴体品质?

(1)降低肉鸭体脂。

①遗传方面:目前在我国大型肉鸭种源上,主要有北京鸭、福建泉州的丽佳鸭、樱桃谷超级肉鸭、法国的奥白星等。北京鸭主要用于烤鸭,而用于加工盐水鸭、卤鸭、板鸭等的主要是丽佳鸭和樱桃谷鸭等肉鸭。在生产实践中,某一品种肉鸭的生长速度比另一品种快,同一品种肉鸭商品一代比商品二代生长速度快,尤其在饲养后期肉鸭体重达2.4千克以后,但皮脂率和腹脂率高。因此,在遗传方面可结合生产实践通过遗传手段培育低脂、生长速度快的肉鸭新品系,尤其是对控制遗传性能的种公鸭的选育,这是控制肉鸭体脂过多的最有效的途径。

②饲养方面:通过调整日粮配方,饲喂高蛋白低能量饲料,可降低肉鸭体脂及脂肪的蓄积;在饲养上采取限饲,降低肥度。生产上通常是两者结合,一方面调整饲养后期日粮配方,另一方面在饲养后期适当限制饲养,延长屠宰日龄,尤其对大型肉鸭(体重在2.6～2.7千克)。据试验,在36日龄屠宰的大型肉鸭比在40日龄屠宰的同体重肉鸭的皮脂率和腹脂率分别高出15%和26%。当然,在减缓肉鸭生长速度,降低肉鸭体脂及脂肪的蓄积的同时也增加了生产成本。

(2)除去胴体异味。

①肉鸭饲养:在肉鸭育肥后期尽量少用对胴体产生不良影响的原料,如鱼粉、大豆、米糠、饼(粕)等。鱼粉含量应控制在3%以内,鱼粉含量过多,肉鸭生长速度较快,但肉鸭体脂

高，且肉鸭胴体很可能有鱼腥味。其次，在预防用药时应少用或慎用一些气味较浓的药物，如大蒜素，长期使用将会造成胴体有强烈的大蒜味。另外，在饲养后期应慎用一些抗生素及化学添加剂，为除去肉鸭胴体异味，可在饲喂中添加一些中草药香味饲料，减少胴体粪臭素含量，使胴体保持其自身特有鲜味。

②肉鸭加工过程：在加工过程中应尽量排除一切造成胴体异味的因素，如不洁净的水等。另外，在前几年使用松香脱毛时，如果在鸭子表皮上沾有松香或鸭子口腔、鼻孔内有松香也会造成胴体异味。

③冻鸭保存：冻鸭在冷藏库中保存时应与墙壁距离不少于 30 厘米，与地面距离不少于 10 厘米，与天花板保持一定距离，并分垛存放。库内不得存放有碍卫生的物品，同一库内不得存放相互污染或有异味、串味的食品，对长期堆放，有可能发生腐败变味的冻鸭，尤其是贴到墙壁、地面的冻鸭或经多次解冻而未能及时销售的冻鸭，切不可放在库中以免造成其他鸭产生异味。

(3)减少胴体红斑、次斑、皮下溃疡、破皮等。胴体红斑、次斑、皮下溃疡、破皮等都影响着冻鸭的分等分级和销售价格，因此在肉鸭饲养和加工中应注意：

①饲养密度不可过大。过大容易引起肉鸭惊群，相互拥挤、碰伤、造成鸭体损伤，在夏季对于地面平养的肉鸭，遇到连日阴雨加上蚊虫叮咬，容易造成肉鸭皮下溃疡。

②在出栏肉鸭时，每次赶鸭只数不超过 200 只，不得一次赶鸭太多，严禁用脚踢和用硬器赶及用手摔，以免造成鸭体伤痕。

③装卸时，一只手只能抓一只鸭子，同时注意要轻抓轻放，以防鸭体受伤。

④点刀部位要准，一刀点准避免红颈、红头、红身。

⑤浸烫温度一般控制在60～65℃，浸烫时间2～3分钟，如浸烫温度过高或浸烫时间过长容易造成破皮。

⑥在打毛过程中，应根据当日鸭子大小及时调整打毛机间隙，以防间隙过大打不干净，过小易造成破皮及断翅等现象，严禁二次打毛。

⑦小毛加工中，严格按小毛要求操作，严禁人为拔毛造成破皮等。

(4)杜绝胴体绝食不清。胴体绝食不清是指在冻鸭胴体内有饲料残留，尤其是在上消化道膨大部以上3厘米段，这段在肉鸭加工中不易被清除，主要原因是绝食时间不够或绝食时没供应充足的饮水，因此，为杜绝胴体绝食不清，肉鸭在宰前应绝食12小时以上，并充分给予饮水，目的是加快排泄，清洗消化道，同时也利于延长冻鸭的保存期，提高肉鸭品质。

(5)控制胴体药物残留。目前市场上对畜禽肉中药残检测工作不到位，直接影响畜禽生产和销售。养殖户对药物残留普遍不重视，在肉鸭饲养中，只要是提高生长速度的添加剂就用，只要是治好病的药物就上，不管鸭子在什么生长阶段，不管什么药物甚至多种药物并用，没有人去在意药物残留。因此，控制肉鸭胴体药物残留一方面要全面提高养鸭人的素质，规范用药，使用新型无残留添加剂；另一方面尽快将药残检测工作纳入肉鸭养殖业发展的正轨，通过市场来控制肉鸭胴体药物残留。

75. 如何做好产蛋种鸭的饲养管理工作?

后备种鸭养到临近产蛋时,再经过挑选,符合要求的则转入成年种鸭阶段,进行产蛋期的饲养管理;不符合要求的作为菜鸭处理。饲养产蛋鸭的目的是为了产蛋多,种蛋的受精率和孵化率高,鸭苗健壮。产蛋鸭对营养物质的需要,除了维持正常生命活动外,还要用于蛋的形成,因此要求较多的蛋白质,矿物质和维生素。

产蛋鸭的饲养管理可分为以放牧为主和以舍饲为主两种方式。

(1)以放牧饲养为主的饲养管理。产蛋鸭的放牧饲养主要是利用江河、湖泊、海滩、农田等动物性饲料和青饲料较丰富的天然牧地牧饲种鸭,并加强补料,尽量满足产蛋的营养需要,以充分发挥它的产蛋潜力。水稻产区向来就有春季放湖塘,秋季放稻田的习惯。放牧饲养产蛋鸭,必须注意如下几点:放牧前,要了解牧地情况,选择水生饲料较多,水质良好,水流缓慢的水域和农田,不要在刚下过农药或下农药不久的地方放牧;除恶劣天气外,白天大部分时间,将种鸭放养在天然牧地让鸭群活动,觅食和交配;放牧时要掌握空腹快赶,饱肚慢赶,上午多赶,下午少赶,爬坡上下、过堤坝沟渠都不能急赶的原则;要注意当地天气预报和观察天气变化,如天气不太好,要少放,近放;放牧路程不宜太远,以在0.5~1千米为宜:在牧地要注意鸭群的动态,要注意个别离群的鸭的行动,防止走失。对一些觅食不勤,经常休息的鸭只要多赶动,让它们多觅食;清晨和傍晚种鸭交配较频繁,要让鸭群在一定水面上嬉水配种，以提高受精率。由于一年四季气候条件，天然饲料数量，鸭群的产蛋情况不同，各季的饲养管理也有所不同。

①春季：南方气候温和，是母鸭的盛产期；北方气温回暖，冬季停产的母鸭正在恢复产蛋。由于春季的母鸭产蛋强度很大，产蛋率可达85%以上，每天放牧游走的活动量也大，而春季气候变暖，天然饲料逐渐增多，因此，要抓紧放牧，增加放牧时间，同时根据鸭群每天产蛋的多少与鸭群采食天然饲料的情况适当补喂一定量的谷实类、糠麸类和动物性蛋白质饲料，使能恢复过冬时的营养消耗迅速恢复体质，以提高产蛋量和保证种蛋品质。每天补喂次数可视产蛋率的高低而定。

早上出牧前约喂七成饱，晚上则尽量喂饱。

每次放牧路线变动不宜过大，游牧距离不宜过远。早上出牧时宜逆流而上，便于觅食和吃饱，中午如不回舍，可在牧地补料，收牧时宜顺流而下。

为提高种蛋的受精率，种鸭的公母比例要适量，一般肉用型鸭为1∶(4～6)，兼用型鸭为1∶(10～12)，蛋用型鸭为1∶(15～20)。

②夏季：初夏时鸭群的产蛋量仍较高，但体重有减轻趋势，为了延长产蛋时间，必须加强放牧，尽量利用天然饲料。放牧时间尽量延长，每天早出晚归，中午注意防暑，不要让鸭群在水温较高的浅水中浮游，应赶到阴凉处休息，以免影响产蛋。夏季暴风雨较多，要在雷雨之前将鸭群赶回鸭舍或到避风遮雨的地方休息。在夏收期间，上午和下午放在稻(麦)田中觅食遗粒；中午赶至水深的江河、湖泊或池塘浮游：傍晚收牧后，视饥饱程度适当补料，并留在运动场休息，至深夜天气凉爽后才赶回舍内。炎夏时，由于受热的应激，食欲减退，新

陈代谢降低，鸭群的产蛋率下降，很多母鸭出现生理上的换羽停产。为了使鸭群在秋季能提前恢复产蛋，缩短休产期，要有计划地进行人工强制换羽。

鸭群任其自然换羽，约需 4 个月的时间。换羽期间产蛋率很低，蛋形变小，品质不良，受精率明显降低，换羽不一致，换羽后再次产蛋参差不齐；实行人工强制换羽，一般只需 2 个多月时间，换羽一致，换羽后产蛋齐，蛋的品质好，能达到较高的产蛋高峰。

人工强制换羽主要措施是突然改变鸭子的生活条件和习惯。当鸭群产蛋率下降至 30%以下，蛋形变小，甚至有畸形蛋，受精率降低，即表示大部分种鸭换羽停产。这时可以进行人工强制换羽。人工强制换羽可分为关蛋、拔羽和恢复 3 个步骤。

关蛋：在 3～4 天时间内，使母鸭停止产蛋。具体方法是把鸭群关在舍内 3 天，不放牧，不放水，不喂饲料，只给饮水，每天放在水上运动场洗澡片刻；或在停喂饲料前 1 周逐步减少饲料喂量，至第 8 天停料只给饮水，关养在舍内 2～3 天。由于生活条件和生活规律急剧改变，营养缺乏，鸭的体质变弱，体脂迅速消耗，鸭的体重急剧下降，产蛋完全停止。此时，鸭的前胸和背部羽毛相继脱落，主翼羽、副翼羽和主尾羽的羽根透明干涸而中空，拔之易脱而无出血，这时便可进行人工拔羽。

拔羽：拔羽一般在 6 月初前后进行。拔羽的最适当时机是主翼羽的羽根干涸中空之时，羽轴与毛囊脱离，拔之易脱而无出血。拔羽应选择晴天的早上进行。具体操作是用左手抓住鸭的两翼，然后用右手由内向外侧，沿着该羽毛的尖端方向，用猛力瞬即拔出来。先拔主翼羽，后拔副翼羽，最后拔主尾羽。强制换羽时要将公母鸭分开，以免公鸭伤害母鸭。公母鸭要同时拔羽。拔羽的当天不放牧，不放水，防止毛孔感染，将鸭群关放在舍内或运动场上，给予饮水和少量谷实类饲料。

恢复：鸭群经过关蛋，脱羽，体质变弱，体重减轻，消化机能降低。为了促进新羽生长和鸭体恢复健康，必须加强饲养管理，但不能操之过急。喂料量由少至多，质量由粗到精，经7～10天逐步恢复到正常饲养水平，以免因暴食招致消化不良，甚至死亡。每天可喂3次，其中晚上1次。拔羽后第2天开始放牧和放水，加强活动。放牧距离由近到远，时间由短到长，至拔羽后10天才能恢复正常管理。一般拔羽后25～30天新羽毛可以长齐。拔羽后35～45天便恢复产蛋，所以在拔羽后20天左右开始加喂动物性饲料。

拔羽后，鸭群体质瘦弱，抵抗力差，容易发生疾病，应特别注意管理，每天更换垫草，保持舍内清洁和干爽。

③秋季：夏季经过人工强制换羽的鸭群已开始恢复产蛋，是全年中的第2个产蛋高峰。秋季又是晚稻收割季节，在秋收时节将鸭群放田觅食遗谷，可减少补料。但深秋以后，水草逐渐减少，动物性饲料缺乏，需适当增加补料，晚上补喂豆饼，鱼粉等，以提高产蛋率和延长产蛋期。

④冬季：对正在产蛋的鸭群要增料，以使能多产些蛋，即使停止产蛋也要补充一些精料，使产蛋鸭过冬不至于过度瘦弱，为来年春季产蛋打好基础。

入冬以后，天气转冷，放牧时间应减少。早上推迟放牧，下午提早收牧，晚上早入舍避寒。应尽量选择背风向阳的地段放牧鸭群。冬季鸭子不大活动，要注意勤赶勤轰，以增加运动，晚上在鸭舍内也要赶动鸭群，对减少种鸭肥度有利。

冬季一般每天喂料 3 次，早上放牧前喂料 1 次，中午在牧地补料，傍晚收牧回舍后喂 1 次，并让鸭吃饱。补料以谷实类为主，适当喂些动物性饲料和青料。

(2)以舍饲为主的饲养管理。一般肉用型品种多采用以舍饲为主，牧饲为辅的饲养方式。种鸭舍应建在靠近河汊、水塘的地方，或设置人工水池以供放水、运动、洗浴和交配。

舍饲时，应根据产蛋率高低来配合日粮，日粮中粗蛋白质为 14%～22%，代谢能 2 400～2 800 千卡/千克。日粮组成中以谷实类为主，占 60%～70%，豆饼 10%～15%，糠麸类 15%～20%，鱼粉 5%～10%，另添加骨粉 1%～2.5%，贝壳粉 3%～5%，食盐 0.5%。一般青饲料与精料比例各为 50%。产蛋鸭过肥时，可增加青饲料量。青饲料缺乏时，每 50 千克配合饲料添加 10 克复合维生素。北京鸭一般每天喂 3 次，盛产期晚上加喂 1 次，停产期每天喂 2 次，每天每只鸭需配合饲料 200 克。麻鸭一般每天喂 2 次，每天每只需配合饲料 120～130 克。

管理上要根据四季气候变化采取相应措施：冬季和早春做好防寒工作。春季多到舍外活动；夏季可在运动场搭棚遮阴，做好防暑降温工作，鸭舍要通风凉爽，盛夏的晚上可让鸭群在运动场露宿；梅雨季节要适当补充光照，要注意防潮防湿，防止饲料发霉变质，勤换垫草，保持鸭舍干燥，每天清洗饲料槽和饮水器；秋季日照渐短，可在早晨或晚上适当补充光照。秋季昼夜温差较大，要注意气温的突然变化；冬季要注意防寒，做好保温工作。有阳光的天气，可让鸭群在舍外活动，放出前，应先将舍内窗户逐步打开，待舍内外温度接近时，再放出舍外，以免感冒。冬季要注意补充光照，补充光照与自然光照每昼夜应达到 16 小时。

舍内饲养时，一般利用附近水流平缓、繁生水草鱼虾的坑塘或人工水池供鸭群洗浴和交配。放水要定时，有规律地进行，以免影响产蛋造成减产。人工水池要经常更换清水，以免水质腐臭，影响鸭的健康。

76. 影响肉鸭生产性能的主要因素有哪些？

肉鸭的生产性能高低受多种因素的影响，包括品种、饲料营养、性别、环境温度、饲养密度、健康状况等。

不同品种肉鸭的生长速度、饲料转化率、胸腿肉率、抗病能力、死亡率等存在较大差异。北京鸭是世界著名肉鸭品种，生长速度快、生长期短、体型大、料肉比低、肉质好、适应性强。

饲料品质与营养水平对肉鸭的生长发育影响极大。饲料品质好，是指饲料中各项卫生安全指标能够达到国家饲料卫生标准的要求，特别是不含有危害肉鸭身体健康的各种有害有毒元素，没有发霉变质的现象，饲料的消化率和利用率高。饲料营养水平高低显著影响肉鸭的生长发育。肉鸭饲料中所含有的代谢能、蛋白质、氨基酸、钙、磷、维生素、微量元素等指标应满足肉鸭的营养需要量。

环境温度对肉鸭生长发育速度和健康影响较大。高温导致肉鸭采食量下降、活动量降低、生长发育受阻，甚至因热应激导致疾病和死亡。环境温度低，肉鸭采食量增加，饲料转化效率下降。

饲养密度对肉鸭生长发育影响极大。饲养密度大，鸭舍内的空气不容易保持新鲜，而容易污浊，湿度大，氧气含量低，氨气、二氧化碳、硫化氢气含量高，易造成肉鸭呼吸道黏膜损伤，增加鸭群发生大肠杆菌和浆膜炎的机会，不利于肉鸭健康。饲养密度大能降低肉鸭的运动量、采食量、生长速度，提高肉鸭的伤残率、死亡率。

肉鸭疾病包括禽流感、小鸭肝炎、大肠杆菌、浆膜炎等对肉鸭健康危害极大，往往导致肉鸭大批死亡。疾病能使肉鸭新陈代谢出现紊乱、采食量降低或废绝，生长发育停滞。因此，能否保证肉鸭群体健康、不发生疾病是养鸭能否取得经济效益的关键环节之一。

肉鸭的生活生长环境是否良好对鸭群健康和生长发育影响较大。鸭舍内地面和垫料要求干燥，清洁卫生，垫料新鲜无发霉现象。鸭舍内应通风良好，空气新鲜。

77. 肉鸭养殖如何节约饲料成本？

(1)饲养品种要优良。品种优良的肉鸭，其生产性能的遗传潜力较高，生长速度快，抗病力强，对饲料的利用率高，同样的日龄、消耗同样多的饲料，其增重比退化品种的肉鸭要快得多。

(2)环境温度要适宜。肉鸭的适宜生长温度为12～24℃，在此温度范围内鸭可充分有效地利用饲料。因此要尽量创造条件，如采取冬季圈养，密封门窗，夏季搭棚遮阳等措施保暖或降温，以提高饲料报酬。

(3)**配合日粮要平衡。**因为所有家禽都是“依能而食”，饲粮的能量水平高时，采食量就少；饲粮的能量水平低时，采食量就多。所以肉鸭饲料中的蛋白质与能量比例要平衡，否则，饲料消耗增加，造成某些营养成分浪费。如饲粮低能量高蛋白，则蛋白饲料作为能源消耗而造成浪费。

(4)**饲料要新鲜，保管要妥善。**一是原料要新鲜，二是配合料要勤配、勤喂。饲料配好后要存放在通风、干燥的地方避光保存，以避免饲料中的脂肪氧化，维生素 A、维生素 E 遭到破坏。在饲料与地面之间置放一层防潮材料，以防止饲料板结、霉变。霉变饲料容易引起肉鸭中毒、拉稀等，从而降低饲料的利用率。另外饲料库和鸭舍要注意防虫害、鼠害等。

(5)**及时出栏。**肉鸭在 40～48 天出栏较合适，因为这时肉鸭增重、饲料报酬已达到高峰，在 50 日龄后肉鸭增重下降，饲料报酬降低。

(6)**合理使用添加剂。**矿物质、维生素、氨基酸等营养性添加剂是必需的，其他的非营养性添加剂对提高肉鸭的生长速度及饲料利用率也有很大帮助。如益生菌、酶制剂、有机酸、多肽等，对提高肉鸭增重和饲料利用率有明显效果。

(7)**饲料的形状和添加方法要合理。**一般不要喂原粮，原粮粉碎，配合成全价料的粒度，可根据鸭子的日龄有所不同，但不宜过碎，否则容易飞散造成浪费。添料时不能图省事而一次添加过多。

(8)**料槽的构造和高度要合适。**平时应注意及时修缮料槽，以防止漏料造成浪费。

78. 夏季如何对肉鸭进行饲养管理?

在炎热夏天,由于鸭没有汗腺又由于有羽毛的覆盖,鸭体的散热受到很大限制。当气温越过等热区时,鸭体温上升,在未搞好防暑降温的情况下,鸭发生急性热应激甚至热昏厥的现象时有发生。高温、高湿的环境还使鸭舍粪便易于分解,造成鸭舍内有害气体含量过高,危害鸭体健康。为使夏季饲养的肉用仔鸭健康和正常生长,应抓好以下饲养管理关键措施。

(1)抓好饲料供应,保证营养需要。

①调整饲料配方:由于鸭的采食量随环境温度的升高而下降,所以应配制夏季高温用的、不同生长阶段的肉鸭日粮,适当提高饲料浓度,以保证鸭每日的营养摄取量。

添加适量脂肪代替部分碳水化合物。用适量脂肪代替部分碳水化合物,不但有利于提高日粮能量浓度,弥补因采食量下降而减少的能量摄入量,而且还能有效地减轻由于体增热所加剧的热应激负担。

控制蛋白质水平。在满足所有必需氨基酸的前提下,使蛋白质水平尽可能处于低限。为了减轻蛋白质在体内降解利用所带来的体增热负担,提高利用率,应根据日粮氨基酸盈缺情况添加必需氨基酸,创造合理的蛋白质模式,保证氨基酸的平衡供给。

提高矿物质与维生素的添加水平。由于夏季肉鸭采食量下降,要保证肉鸭对各种矿物质与维生素营养成分摄入量不变,应适当提高其在日粮中的含量。在日粮或饮水中补加额外的钾、钠及在饮水中加入碳酸盐均有利于维持电解质平衡。

此外在饲料中补加0.1%～0.5%碳酸氢钠能有效地减轻热应激反应。夏季高温时，饲料中的营养物质易被氧化，且高温等应激因素造成鸭的生理紧张，不仅降低鸭机体维生素C的合成能力，同时鸭对维生素C等营养物质的需要量提高，所以夏季每千克饲料中应添加维生素C 50～200毫克。

②采用抗应激药物添加剂：针对鸭体高温下所表现的生理变化对症下药，如使用水杨酸、阿司匹林以降低鸭的体温，利用藿香、刺五加、薄荷等中草药制剂增加免疫、祛湿助消化达到抗应激效果。

③保持饲料新鲜：在高温、高湿期间，自配料或购入饲料放置过久或饲喂时在料槽中放置时间过长均会引起饲料发酵变质，甚至出现严重霉变。因而夏季应减少每次从饲料厂购回的饲料量，以1周左右用完为宜，保证饲料新鲜。在饲喂时应采用少量多次，尤其是采用湿拌粉料更应少喂勤添。

④适当调整供料时间：早晨可提早1～2小时，在清晨4～5时开始喂料，晚上也应适当延长饲喂时间，这样可避开高温对采食量的影响。

(2)做好环境控制，防止发生热应激。

①减少太阳辐射热：在开放型鸭舍的水、陆运动场上应架设遮阴凉棚，屋顶应加厚覆盖层。高温期间可在屋顶淋水或在屋内喷水雾化，并做好鸭舍周围环境的绿化工作。

②加快鸭体散热：保证鸭舍四周敞开，加大通风量。给鸭饮清洁的自来水或冷水，采用通风设备加强通风，保证空气流动。夜间也应加强通风，使鸭在夜间能恢复体力，缓解白天酷暑抗应激的影响。

③降低饲养密度：减少鸭舍内饲养数和增加鸭舍中水、食

槽的数量，可使鸭舍内因鸭数的减少而降低总产热量，同时避免因食槽或水槽的不足造成争食、拥挤而导致个体产热量的上升。

④保持鸭舍清洁干燥：采用合理的饲养及饮喂方式，减少粪中含水量，防止高温下舍内高湿带来的危害：一是增加鸭舍打扫次数，缩短鸭粪在舍内的时间。二是水槽尽量放在鸭台四周，以免鸭饮水时将水洒向四周。三是采用水、陆运动场的鸭舍应在陆地运动场搭阴棚，可使鸭嬉水上岸后，在陆上运动场多休息，待毛干后再进鸭舍，减少鸭在舍内排泄的机会。

(3)加强日常管理，增强抗应激能力。

①加强疫病防治：及时做好免疫接种和疾病治疗工作，注意鸭群采食量、饮水量及排粪情况的观察，一旦发现异常及时采取措施。

②改变饲养方式：变地面厚垫料饲养为网上平养，杜绝肉鸭与粪便接触，以减少疾病传播机会，降低发病率。

③减少对鸭群的干扰：避免干扰鸭群，使鸭的活动量降低到最低限度，减少鸭体热的增加。

④做好日常消毒工作：健全消毒制度，防止鸭因有害微生物的侵袭而造成抵抗力下降，防止苍蝇、蚊子滋生，使鸭免受虫害干扰，增强鸭群的抗应激能力。

79. 如何防止肉鸭啄羽？

(1)肉鸭啄羽的原因。

①环境条件差：如饲养密度过大，运动不足，过热、过湿、

圈舍通风不良、氨气和二氧化碳浓度过高等。

②营养缺乏：饲料单一或日粮营养配比不合理，造成营养缺乏而啄羽。

③管理不当：鸭粪清除不及时，发酵产生氨气等，刺激鸭体表皮肤发痒，进而互啄。

(2)肉鸭啄羽的防控。

①改善环境：加强饲养管理疏散养殖密度，改善通风与光照强度。笼养设计高度应为100～120厘米，以便打扫。鸭舍温度和湿度要适宜，满足不同日龄鸭所要求的温度。相对湿度保持在60%～70%，通风良好，光线不太强，保持清洁卫生，地面干燥，人走进鸭舍感到不闷、不刺激鼻眼。

②及时断喙：初生雏鸭8～10日龄断喙，用鸭电烙断喙器将雏鸭喙尖烧烙，即可彻底避免啄羽。

③科学配料：饲料原料要多样化，配方要科学合理。因蛋白质、钙磷不足，可添加5%豆饼或3%鱼粉、2%～4%骨粉或贝壳粉；因缺盐引起的可在饲料中添加1%～2%食盐，连喂2～3天；因缺硫引起的可补硫酸锌或硫酸钙，每只每天1～4克，适当添加青绿饲料或增喂啄羽灵、羽毛粉，都能防止啄毛发生。

④减少光照：一般用25瓦灯泡照明，鸭能看到吃食和饮水就可以了。小鸭可用红光、橙黄光，大鸭用红光或白光。

⑤及时治疗：发生啄癖应及时分离施治，病伤处用高锰酸钾溶液洗涤或涂紫药水，待结痂痊愈后再合群。适当运动，在饲料中加入适量的天然石膏粉末，一般每只鸭每天1～4克。

80. 生产中常用哪些指标衡量肉鸭的生产性能？

衡量肉鸭的生产性能指标主要有活体重、饲料转化效率（料重比）、屠体重、半净膛重、全净膛重、屠宰率、胸肌率、腿肌率、成活率等。

(1)活体重：指肉鸭在屠宰前禁食12小时后的体重。

(2)饲料转化效率：包括料肉比和肉料比两方面的概念。料肉比是单位体增重G(千克)的耗料量F(千克)，即F/G。肉料比是单位饲料消耗量F(千克)所增加的体重G(千克)，即G/F。

(3)屠体重：是肉鸭放血去羽毛后的重量（湿拔法须沥干）。

(4)半净膛重：屠体去气管、食道、嗉囊、肠、脾、胰和生殖器官，留心、肝(去胆)、肺、肾、腺胃、肌胃（除去内容物及角质膜）和腹脂的重量。

(5)全净膛重：是指半净膛胴体去除心、肝、腺胃、肌胃、腹脂，保留头、脚的重量。

(6)肉鸭常用的屠宰率指标的计算方法如下：

屠宰率＝屠体重/活重×100％

半净膛率＝半净膛重/活重×100％

全净膛率＝全净膛重/活重×100％

胸肌率＝胸肌重/全净膛重×100％

腿肌率＝大小腿肌重/全净膛重×100％

八、蛋鸭饲养管理技术

81. 蛋用雏鸭有哪些选雏技术？

①选择在同一时间内出壳、绒毛整洁、毛色正常、大小均匀，眼大有神，行动活泼，脐带愈合良好，体膘丰满，尾端不下垂的壮雏。在挑选种鸭时，还要特别注意雏鸭要符合本品种特征。凡是腹大而紧，脐带愈合不好，绒毛参差不齐、畸形、精神不振、软弱无力的不应入选。

②根据本地的自然饲养条件和采用的饲养方式选择蛋鸭品种。圈养可以引进高产的蛋鸭品种。放牧要根据自然放牧条件确定品种，有农田水网地区，要选觅食能力强，善于在稻田之间穿行的小型蛋鸭，如绍鸭，攸县麻鸭等；在丘陵山区，要选善于在山地爬行的小型蛋鸭，如连城白鸭，山麻鸭等；在湖泊地区，湖泊较浅的可以选中小型蛋鸭，若放牧的湖泊较深可选用善潜水的蛋鸭；在海滩地区，则要选耐盐水的金定鸭、莆田黑鸭，其他鸭种很难适应。

82. 蛋用雏鸭有哪些培育技术？

刚孵出的雏鸭十分娇嫩，自身调节体温的能力差，消化机能尚未健全，抗病机能尚未完善，加之生长发育又快，故应加强护理，提高雏鸭的成活率和育雏质量。雏鸭的培育是养鸭生产中的重要环节，因为它影响雏鸭的生长发育、成鸭的生产力、鸭群的更新和生产计划的完成。因此，必须重视雏鸭的培育。

(1)育雏舍的要求。育雏舍是饲养 30 日龄前雏鸭的地方。首先要设有消毒池，一切进出车辆和人员必须经过消毒池后方可进出育雏舍。其次是每次进雏前，要对育雏舍进行消毒，可用福尔马林熏蒸或用 0.2％的过氧乙酸喷雾消毒，消毒要触及各个角落，不得留有死角。

(2)雏鸭的选择。雏鸭品质好坏是雏鸭养育成败的先决条件。雏鸭出壳毛干后，它的初生重应为 40～42 克。健康的雏鸭，活泼好动，眼大有神，反应灵敏，叫声洪亮，腹圆脐平，胫蹼油润，大小均匀，毛色一致。凡是头歪、眼瞎、脚拐、喙部畸形，大肚皮和脐部收缩不好的雏鸭都应该剔除。饲养商品蛋鸭，只需选择高产的母雏鸭，严防混入公雏鸭；饲养蛋用种鸭，应按公母比例选购雏鸭。除此之外，应该选购同时出雏的雏鸭饲养，采用“全进全出”制度，否则影响饲养效益。

(3)科学的饲养。

①掌握合适的温度，切忌时高时低。雏鸭的适宜温度是，1 日龄时 26～28℃，2～7 日龄时 22～26℃，第 2 周时 18～22℃，第 3 周时 16～18℃。育雏室的温度对雏鸭是否适合，可依鸭的表现来判断：如雏鸭散开，卧伏休息，安稳入睡，没有怪叫声，说明温度合适；如雏鸭缩颈耸翅，互相堆挤，不断往鸭堆里边钻或向上爬，并发出“吱吱”叫声，说明温度太低，需要保温或升温；如雏鸭喘气，饮水量增加，说明温度太高，需要调整温度。同时，要保持室温相对稳定，切忌时高时低，否则雏

鸭容易受凉感冒，导致疾病的发生。到3～4周时，需适时脱温，而后过渡到完全放牧。

②试水开食，合理饲喂。雏鸭的试水开食，对雏鸭的生长发育有重要影响。雏鸭第1次饮水和取食时，先饮水，后开食，对雏鸭的生长发育有良好的促进作用。这是因为先饮水有利于排泄胎粪，引起食欲，提高雏鸭的消化和吸收能力。雏鸭出壳后24小时，羽毛已干，脚能站稳，能在鸭篮内打转，状似觅食，用手试之，能伸颈张嘴发出叫声，这时就用饮水器或浅水盆，喂给0.02%抗生素或多维，可防肠道疾病并补充维生素。

雏鸭试水后，就可以开食了。一般可把熟的硬米饭或"鸭花料"（颗粒大小以1～2毫米为宜）或全价混合粉料撒在或铺在地上的草席或深色塑料薄膜上，并作招呼声，使雏鸭自由采食。这样，边食边撒，经1～2天调教训练，雏鸭便会自行采食。雏鸭开食后，饲料不但数量要足，而且质量要好，要有能满足鸭生长发育所需要的全部营养物质。雏鸭一般要求饲喂高蛋白质（20%～22%）、高能量（10～13兆焦/千克），多种氨基酸和维生素等混合的全价料。饲喂次数：头2周每3小时喂1次，昼夜饲喂，2周以后改为每4小时1次，20日龄以后每6小时1次，间隔时间均等，昼夜饲喂，每次喂料后都要饮水1次。

③及时分群，严防扎堆。同一批雏鸭，要按其大小、强弱等不同分为若干小群，以每群300～500只为宜。以后每隔1周调整1次，将那些最大、最强的和最小、最弱的雏鸭挑出，然后将各群的强大者合为一群，弱小者合为另一群。这样各种不同类型的雏鸭都能得到合适的饲养条件和环境，可保持正

常的生长发育。

育雏期间，常因温度控制不当，雏鸭互相堆挤，被挤在中间或压在下面的雏鸭，轻则全身“湿身”，稍有不慎，便受凉致病，甚至窒息死亡。有的温度虽正常，但在采食后休息或光线较暗时，雏鸭也有互相扎堆的现象。管理人员要随时注意，尤其在雏鸭临睡前和睡着后，要多次检查，发现扎堆，要及时分开。分堆与保温工作要结合起来。15 日龄前，尤其是 5 日龄的雏鸭，日夜都要精心照管。

④下水训练，搞好卫生，预防接种。一般 5 日龄后就可训练雏鸭下水活动，但雏鸭全身的绒毛容易被水浸湿下沉，体弱者还会被溺死。因此，要有专人守望，加以调教，嬉水片刻要及时上岸休息。

每日清除栏内鸭粪，垫草要勤换勤晒，食槽要经常冲洗干净，禁止饲喂腐败变质饲料，并保持周围环境卫生。除此之外，还要防止惊群，预防兽害，夜间开灯加强值班巡视，经常清点鸭数，做好饲料消耗和死亡记录。

⑤建立稳定的管理程序。蛋鸭具有群居生活的习性，合群性很强，神经类型较敏感，它的各种行为要在雏鸭阶段开始培养。如饮水、吃料、下水游泳、上滩理毛、入圈歇息等，都要定时、定点。每天有固定的一整套管理程序，形成习惯后，不要轻易改变。如要改变，也要逐步进行。饲料品种和调制方法的改变也是如此，如频繁地改变饲料和生活秩序，不仅影响生长，而且会造成疾病，降低育雏率。要加强值班巡视，经常清点鸭数，做好饲料消耗和死亡记录。注意防治鸭病，定期在水中加入抗菌药物，1 日龄肌注鸭病毒性肝炎高免蛋黄抗体 0.5 毫升/只；5～15 日龄首免禽流感灭活疫苗（0.3～0.5 毫

升/只);20 日龄注射鸭瘟弱毒疫苗,严格按瓶签标明的剂量接种,用生理盐水稀释疫苗,每只鸭肌注 0.2 毫升。

83. 选择高产蛋鸭的方法有哪些?

选择高产母蛋鸭可通过触摸腹部、测盆耻骨间距离来判定。高产鸭腹部柔软,泄殖腔大而湿润,耻骨薄而柔软,并且有弹性,耻骨间距宽,起码可以并排容纳 4 个手指,耻骨与龙骨突起间距离大,起码容纳 5 指以上。

①高产鸭眼大且凸出有神,头稍小、颈细长,显得光亮机灵似"水蛇头"。低产鸭眼小、不凸出、无神,头大颈粗短。

②高产鸭背宽,胸宽深,羽毛紧密而且细致。低产鸭的背、胸较窄,羽毛蓬乱,没有光泽。

③手提鸭颈时,高产鸭两脚向下伸直,不动弹,各趾张开。低产鸭的双腿屈起,各趾靠拢。

④产蛋期的高产鸭耻骨间距宽,按之软而有弹性,可容纳 3～4 指。低产鸭产蛋期耻骨间距窄,只能容纳 2～3 指。

⑤产蛋期高产鸭腹大而柔软,臀部丰满而下垂,耻骨与胸骨末端可容纳 3～5 指。低产鸭产蛋期腹小而较硬,耻骨与胸骨末端仅能容纳 2～3 指。

⑥产蛋期高产鸭泄殖腔大,湿润且较软,呈半开状态。低产鸭泄殖腔紧小而收缩,有皱纹,比较干涩。

⑦高产鸭在春季羽毛紧密细致而有光泽,代谢旺盛,行动活泼。低产鸭羽毛凌乱而无光泽,行动迟缓。

⑧高产鸭在秋季,由于产蛋营养消耗多,羽毛凌乱而无光泽,腹部由于蹲下产蛋时间长,羽毛沾污,走路摇摇摆摆。低

产鸭由于停止产蛋换羽，所以羽毛光泽整齐。

84. 如何对蛋鸭进行圈养？

(1)雏鸭(1～30 日龄)的管理。育雏前要安排好育雏室、运雏纸箱并进行消毒，备好小鸭全价配合饲料、饮水器、料槽、干湿球温度计等。

①育雏温度。头几天雏鸭调节体内温度的能力很差，头 3 天温度标准为 33～35℃，以后逐渐降低。在实际操作中，可从雏鸭的活动情况判定温度是否合适。如果鸭群分布均匀，活泼好动，食欲旺盛，粪便正常，就表明温度正常；如果雏鸭尽量靠近热源，拥挤扎堆，表明温度低，要马上升温；如远离热源，张嘴喘气，大量饮水，表明温度过高。

②开食与饲养。应在雏鸭出壳后 24 小时内开食，头几天雏鸭消化能力差，可将煮熟的鸭蛋黄搓入料中喂，三五天后就可喂雏鸭全价配合料了。要特别注意维生素要当日拌入当日喂，用不含过多盐分的优质鱼粉，绝不用变质的原料，因为雏鸭对饲料的品质很敏感。雏鸭容易发生药物中毒，所以不要盲目喂药，也不要喂雏鸭饲料。饲料要拌湿再喂，保证经常有饮水、料不断。

③注意卫生。雏鸭的垫草要用没有霉变的长麦秸、稻草、干青草，细碎的、变质的垫草，雏鸭啄食后会引起消化不良。垫草要每天换，保持干燥，潮湿的污物沾湿绒毛会导致雏鸭生病。最好采取网上平养育雏。

④光照。前 3 天用 60 瓦灯泡 21～24 小时照明，从第 4 日龄起，逐步降低光照强度，减少光照时间，如春季，主要利用

自然光照，晚上使用较暗的灯。

⑤饮水。水是鸭子生长所必需的，自出壳至淘汰一刻也不能断水。要先开水后开食，一般清洁的水就可以，水温20℃左右，水温过低影响雏鸭体温，水温过高雏鸭容易往里钻。大群饲养时每200只雏鸭一个饮水器，饮水器要摆放均匀，下面要垫吸水的炉灰，以防将垫草弄湿。总之要让雏鸭随时都能喝上清水，又不使雏鸭跳入水中，身上不沾水，地上不流水。

圈养法不用大面积水面放养，但必须供给它洗浴头部的水，一般是放一个20厘米高的水盆，长期保持水满，鸭子在盆里洗头，保持鸭子鼻孔不干燥，还能把粘在头上的细料和泥土一同洗掉。鼻孔干裂容易生病，如果头部及眼睛周围的羽毛被泥土等粘掉，就无法保持头部温度。鸭子吃食时不能分泌唾液，吃料后要饮一口水来帮助下咽，所以水盆不要离料太远。

(2)青年鸭(20～31日龄)管理。青年鸭的管理目标是培育健壮良好的体型。

①加强运动。每天要赶着鸭子在运动场上缓慢地走几圈，或者到外边慢慢驱赶放牧，以增强体质；人要多接触鸭子，提高鸭子胆量，这样进入产蛋期就不怕惊吓了。

②青年鸭的饲喂。青年鸭是长骨架肌肉阶段，育成阶段营养的原则是：宜低不宜高；饲料的原则是：宜粗不宜精。精料不宜太多，多吃些青绿饲料，以增强鸭子消化能力。饲料中原料的品种尽量多样化，锻炼鸭子的杂食性。供应充足的维生素、微量元素、钙等。总之，青年鸭管理原则，使它能适应各种不同的饲料与环境，开产前体重应在1 500～1 750克。

(3)产蛋鸭的管理。

①产蛋初期(151～200 日龄)和前期(201～300 日龄)。不断提高饲料质量,增加饲喂次数,每日喂 4 次,每日每只 150 克料。光照逐渐加至 16 小时。本期内蛋重增加,产蛋率上升,体重要维持开产时的标准,不能降下来,也不能增加。

②产蛋中期(301～400 日龄)。本期是产蛋高峰,比较难养,稍不注意会降蛋换羽,营养上要保证满足,蛋白水平达到 20%,适量饲喂一些青绿饲料或添加多种维生素,每日光照稳定 16 小时。日常管理要保持相对稳定,避免一切突然变化,棚内温度要求在 5～27℃。如出现产蛋下降或产蛋时间推迟要当天找出原因,马上采取措施改正。如果 3 天以上找不出原因,不能采取有效措施时会出现产蛋连续下降现象,再努力也很难恢复到以前的产蛋水平。

③产蛋后期(401～500 日龄)。产蛋率开始下降,这段时间要根据体重与产蛋率来定饲料的质量与数量。如果体重减轻,产蛋率 80%左右,要多加动物性蛋白;如体重增加,发胖,产蛋率还在 80%左右,要降低饲料中的代谢能或增喂青料,蛋白保持原水平;如果产蛋已下降至 60%左右,就要降低饲料水平,此时再加好料产蛋量也上不去了。80%产蛋率时保持 16 小时光照,60%产蛋率时加到 17 小时。要多增加运动,防止突然刺激。

85. 光照对鸭有什么作用?

光通过视觉刺激脑垂体前叶分泌促性腺激素,促使母鸭卵巢卵泡发育增大,卵巢分泌雌性激素促使母鸭输卵管的发育；产蛋所需要的营养成分，在血液中贮存量增加；同时使耻骨开张，泄殖腔扩大。延长光照时间，由视觉传导引起公鸭脑垂体前叶的促性腺素分泌，促性腺激素刺激睾丸精细管发育，使睾丸增大，睾丸能产生精液和雄性激素，促使公鸭达到性成熟。此外，紫外线可使家禽体内的7-脱氢胆固醇转变为维生素 D_3，促使钙、磷的吸收，同时紫外线还能杀菌，有助于预防疾病。

光照管理得好，能控制母鸭适时达到性成熟，延长高峰持续期，提高母鸭产蛋量。如果光照控制不好，母鸭开产较早，产小蛋时间长，并且开产后母鸭易出现脱肛现象，影响经济效益。

86. 光照的使用原则有哪些?

为克服日照季节性的差异，使昼长更符合家禽繁殖机能的要求和提高产蛋量，现代养禽业普遍使用人工光照。通过合理利用自然光照和人工光照，提高家禽的生产性能。光照的原则如下。

①生长期采用恒定短光照或逐渐缩短光照时间，控制母鸭适时开产。

②临近开产前逐渐延长光照时间刺激适时达到产蛋高峰，而又不因光照时间的突然增加使部分母鸭发生子宫阴道外翻（脱肛）。

③进入产蛋高峰后，力求保持光照时间和强度的稳定。

④进行强制换羽时，则突然缩短光照时间促使更快换羽。

87. 怎样根据自然光照时间的变化规律调控光照?

开放式鸭舍的光照受自然光照的影响较大,因此,光照方案的制订必须了解自然光照时间的变化规律。

(1)自然光照的变化。自然光照上半年(夏至前)由短光照逐渐增长,夏至过后光照时间由长变短。因此,夏至过后留种的雏鸭,生长期处在自然光照时间由长变短的时间,而开产后又处在日照时间由短变长的时期,在此期间尽可能利用自然光照,能较理想地控制种鸭性成熟时间。上半年留种的雏鸭,生长期处在日照时间由短变长的时期,特别是5～7月份自然光照时间超过了育成期种鸭的需求,容易导致种鸭提前开产,在这种情况下更应加强喂料量的限制,否则导致提前产蛋。

(2)光照的控制。光照制度是采用一定的光照时间,有计划地严格执行的光照程序。光照程序应根据种鸭的不同阶段分别制定。

①育雏期。为了确保种雏鸭均匀一致地生长,0～7日龄每天提供23或24小时光照,有一个小时的黑暗,可防止突然停电引起的惊群现象;8～14日龄光照时间由23或24小时逐渐过渡到利用自然光照;14日龄到育雏结束均利用自然光照。

②育成期。只提供自然光照。

22～27周龄,种鸭处于临近开产期,用6周的时间逐渐增加每日的人工光照时间,到26周龄时光照时间(自然光照+人工光照)增加到17小时。

每日需要增加的光照时数=(17小时－自然光时数)/6(小时/每周)。

增加的光照时数分别加在早上和晚上。下面的加光作息时间表仅供参考:

22周,天黑开灯,晚上7:30关灯。

23周,天黑开灯,晚上8:30关灯。

24周,天黑开灯,晚上9:30关灯。

25周,天黑开灯,晚上10:00关灯,早上7:00开灯,天大亮关灯。

26周,天黑开灯,晚上10:30关灯,早上6:30开灯,天大亮关灯。

27周,天黑开灯,晚上11:00关灯,早上6:00开灯,天大亮关灯。

不同地区、不同季节自然光照时间有差异,可进行灵活调整。

28周至产蛋结束 每天采用17小时的光照时间。开关灯时间要固定,不能随意变更。

88.蛋鸭如何进行放牧饲养?

近年来,随着养鸭专业户和工厂化养鸭的发展,产蛋鸭群已由散养发展到鸭群放牧饲养。产蛋鸭群放牧饲养,即可减少精饲料的用量,又能防止母鸭过肥而影响产蛋量,还有益于农业生产,从而获得最佳的经济效益。鸭群一年四季都可以进行放牧饲养,但放牧时要注意天气和季节的变化,掌握“春鸭要晒,夏鸭避雨,秋鸭要洗,冬鸭避风”的原则。

(1)选择放牧场所。早春在浅水塘、小河、小港放牧，让鸭觅食螺蛳、鱼虾、草根等水生物。春耕开始后在翻耕的田内放牧，觅取田里的草籽、草根和蚯蚓、昆虫等天然动植物饲料。水稻栽插之前，将鸭放牧在麦田，充分觅食遗落的麦粒。稻田插秧后2周左右，至水稻成熟期前这一段时间，可在稻田放牧。由于鸭在稻田中觅食害虫，不但节省了饲料，还增加了野生动物性蛋白的摄取量，待水稻收割后再放牧，可让鸭觅食落地稻粒和草籽。

(2)放牧前的采食调教。在放牧青年鸭之前，首先要让其学会采食各种食物(包括螺蛳和谷子等)。吃螺蛳的调教方法先将螺蛳放入开水锅里煮一会儿，使螺肉稍微收缩(肉色发白)，然后放到轧螺机上轧一下，将硬壳轧碎，去掉大片的硬壳，再把螺肉和细螺壳捞起，放在浅水盆内，让鸭子自由采食，或将少量螺肉拌入粉料中，待鸭群处于饥饿状态时喂给，引诱其采食。待螺肉喂过几次后，改成只将螺蛳轧碎后连壳投喂。轧碎的连壳螺蛳喂过几次后，就直接喂给过筛的小螺蛳，如此便可以培养鸭采食整只螺蛳的习惯。采食谷子的调教先将谷子洗净后，加水于锅里用猛火煮一下，直至米粒从谷壳里爆开，再放在冷水中浸凉。然后将饥饿的鸭群围起来，垫上喂料的塑料布，饲养员提着料桶进入鸭群先走几圈，引诱鸭子产生强烈的采食感，然后在空的塑料布上撒几把煮过的稻谷，当鸭看到谷壳中有白色的饭粒，立刻便去啄食，但谷壳不易剥离，由于饥不择食，自然就吃下去。必须注意，第1次不要撒得太多，既要撒得均匀，不要撒得少，逐步添加，以后就会越吃越多。此外，青年鸭放牧以前，还要调教其吃落谷的方法，先将喂料用的塑料布抽去1/2，有意将一部分谷子撒到地上，让鸭采食。这样喂过几次后，将喂料用的塑料布抽去，将谷子全部撒在地上，鸭子便会主动在稻田寻找落谷，采食。

(3)放牧信号调教。放牧鸭群，必须要听懂各种指令。因此，要用固定的信号和动作进行训练，使鸭群建立起听指挥的条件反射。较为通用的口令是："来—来—来"呼鸭来集合吃料；"嘘—嘘—嘘"呼鸭慢走；"咳—咳—咳"大声吆喝，表示警告。常用的指挥信号是：前进——牧鸭人将放牧竿平靠地上时，钝端在前，尖端在后。停止前进——牧鸭人将放牧竿握在手中，立于鸭群前面。转弯——向左转弯时，牧鸭人将放牧竿的尖端在右方不断挥动，竿梢指向左方；向右转弯时，将放牧竿的尖端在左方不断挥动，竿梢指向右方。停下采食——将放牧竿插在田的四方，表示在这个范围内活动，经过训练的鸭群，就会停下来安心采食。

(4)放牧的方法。青年鸭的觅食能力很强，是鸭一生中最适宜放牧的时期，但不同的放牧场地，采用不同的放牧方式，收效往往不同。最常见的放牧方法有以下 3 种。

①一条龙放牧法。这种放牧法一般由 2～3 人管理，由最有经验的牧鸭人在前面领路，另有两名助手在后方的左右侧压阵，使鸭群形成 5～10 层次，缓慢前进，把稻田的落谷和昆虫吃干净。这种放牧法适于将要翻耕、泥巴稀而不硬的落谷田，宜在下午进行。

②满天星放牧法。即将鸭驱赶到放牧地区后，不是有秩序地前进，而是让它散开来，自由采食，先将具有迁徙性的活昆虫吃掉，适当"闯群"，留下大部分遗粒，以后再放，这种放牧法适于干田块，或近期不会翻耕的田块，宜在上午进行。

③定时放牧法。青年鸭的生活有一定的规律性。在一天

的放牧过程中，要出现3～4次积极采食的高潮，3～4次集中休息和浮游。根据这一规律，在放牧时，不要让鸭群整天泡在田里或水上，而要根据季节和放牧条件采取定时放牧法。春天至秋初，一般每天采食4次，即早晨采食2小时，上午9:00～11:00采食1～2时，下午2:30～3:30采食1小时，傍晚前，采食2小时。秋后至初春，气候寒冷。能觅的食物极少，日照少，一般每日分早、中、晚采食3次，饲养员要选择好放牧场地，把天然饲料丰富的地方留作采食高潮时放牧。由于鸭群经过休息，体力充沛，又处在较饥饿状态，所以一进入牧地，立即低头采食，对饲料的选择性降低，能在短时间内，吃饱肚子，然后再下水浮游，洗澡，在阴凉的草地上休息。这样有利于饲料的消化吸收。

(5)放牧路线的选择。每次放牧，路线远近要适当，鸭龄从小到大，路线由近到远，逐步锻炼，不能使鸭过度疲劳；往返路线尽可能固定，便于管理。过河过江时，要选择水浅的地方；上下河是岸，应选择坡度小，地面宽广之处，以免拥挤践踏。在水里浮游，应逆水放牧，便于觅食；在有风的天气放牧，应逆风前进，以免鸭毛被风吹开，使鸭体受凉，每次放牧途中，都要选择1～2个可避风雨的阴凉地方，在中午炎热或遇雷阵雨时，都要把鸭赶回阴凉处休息。

89. 蛋鸭不同季节的饲养管理技术要点是什么？

温度、湿度和光照直接受到外界气候的影响而变化，因此，要养好产蛋鸭，必须结合季节的变化，采取相应的饲养管理措施，才能达到产蛋鸭高产高效的生产目的。现将产蛋鸭不同季节的饲养管理技术要点介绍如下。

(1)春季饲养管理。春季气候由冷转暖，日照时间逐日增加，气候条件对产蛋很有利，要充分利用这一有利因素，创造稳产、高产的环境。此期首先要加足饲料，从数量上和质量上都要满足需要，这个季节里优秀的个体，产蛋率有时会超过100％。其次还要注意保温，该季节的前期会偶有寒流侵袭，春夏之交，天气多变，会出现湿热天气，或出现连续阴雨，要因时制宜，区别对待，保持鸭舍内干燥、通风，搞好清洁卫生工作，定期进行消毒。如逢阴雨天，要适当改变操作规程，缩短放鸭时间。舍内垫料不要蓄积得过厚，要定期进行清除，每次清除垫草时，要结合进行一次消毒。

(2)梅雨季节的饲养管理。春末夏初，南方各省大都在6月末和7月份出现梅雨季节，常常阴雨连绵，温度高、湿度大，有些低洼地常有洪水发生，此时稍不谨慎会出现掉蛋、换毛。梅雨季节管理的重点是防霉、通风。采取的措施是：第一，敞开鸭舍的门窗(草舍可将前后的草帘卸下)，充分通风，排除舍内的污浊空气，高温高湿时，要特别注意防止氨中毒；第二，要勤换垫草，保持鸭舍内干燥；第三，要疏通排水沟，保持运动场干燥，不可积存污水；第四，严防饲料发霉变质，每次进料不要太多，饲料应保存在干燥之处，运输途中要防止雨淋，发霉变质的饲料绝对不可用来喂鸭；第五，鸭舍应定期进行消毒，舍内地面最好铺砻糠灰，既能吸潮气，又有一定的消毒作用；第六，应及时修复围栏、鸭滩。运动场如出现凹坑，要及时垫平。

(3)夏季的饲养管理。6月底至8月份，是一年中最热的时期，此时管理不好，不但造成产蛋率下降，而且还会造成鸭的死亡，但此时若能精心饲养，鸭子的产蛋率仍可保持在

90%以上。这个时期的管理重点是防暑降温。可采取如下措施：第一，可将鸭舍刷白，或种植丝瓜、南瓜，让藤蔓爬上屋顶，隔热降温。运动场（鸭滩）搭凉棚，或让南瓜、丝瓜的藤蔓爬上去遮阳。第二，将鸭舍内的门窗敞开，草屋的前后墙上的草帘全部卸下，以加速空气流通，有条件的可安装排风扇或吊扇，进行通风降温。第三，早放鸭，迟关鸭，增加中午休息时间和下水次数。傍晚不要赶鸭入舍，夜间让鸭露天乘凉，但需在运动场中央或四周点灯照明，防止老鼠、野兽危害鸭群。第四，供水不能中断，全天保持有充足、洁净的饮水，最好饮凉井水。第五，应当多喂些水草等青料，提高精饲料中的蛋白质含量。饲料要保持新鲜，现吃现拌，以防腐烂变酸。第六，降低饲养密度，适当疏散鸭群，以降低舍温。第七，雷雨前要赶鸭入舍，防止雷阵雨袭击。第八，鸭舍及运动场要勤打扫，水盆、料盆吃 1 次洗 1 次，保持卫生和地面干燥。

（4）秋季的饲养管理。进入 9～10 月份，正是冷暖空气交替的时候，此时气候多变，如果养的是上一年孵出的秋鸭，经过大半年的产蛋，鸭子的身体较疲劳，稍有不慎，就要停产换毛，故群众有“春怕四，秋怕八，拖过八，生到腊”的谚语。所谓“秋怕八”，就是指农历八月份是个难关，既有保持 80%以上产蛋率的可能性，也有急剧下降的危险，此时的饲养管理要点：第一，要采取补充人工光照，使每日光照时间（自然光照加补充光照）不少于 16 小时；第二，要克服气候变化的影响，使鸭舍内的小气候变化幅度不要太大；第三，适当增加营养，注意补充动物性蛋白质饲料；第四，操作规程和饲养环境应当尽量保持相对稳定；第五，要注意适当补充无机盐饲料，最好在鸭舍内另置无机盐盆，任鸭自由采食。

(5)冬季的饲养管理。从 11 月底至来年 2 月上旬，是一年中最冷的季节，也是日照时数最少的时期。但如果是当年春孵的新母鸭，只要管理得法，也可以保持 80%以上的产蛋率；如果管理不当，也会使上升的产蛋率又降下来，使整个冬季都处在低水平上。冬季饲养管理的重点是防寒保温和保持一定的光照时数。其措施有：第一，提高饲料中的代谢能浓度，达到每千克 12 100～12 500 千焦的水平，适当降低蛋白质的含量，以 17%～18%为宜。第二，提高鸭舍内单位面积上的饲养密度，每平方米可饲养 8～9 只。第三，鸭舍内垫干草，用以保持舍内干燥。第四，关好门窗，防止贼风侵袭，门窗必须堵严，气温低时，最好屋顶下加一个夹层，或者在离地面 2 米处，横架竹竿，铺上草帘或塑料布，以利于保温。第五，冬季饮水最好用温水，拌料用热水。第六，早上迟放鸭，傍晚早关鸭，减少下水次数，缩短下水时间。上下午阳光充足的时候，各洗澡 1 次，时间 10 分钟左右。第七，人工补充光照，每日光照时间不少于 16 小时。第八，每日放鸭出舍前，要先开窗通气，再在舍内噪鸭 5～10 分钟，促使鸭多运动。

90. 蛋鸭饲养管理的日常操作规程是怎样的？

(1)早晨(5:00～8:00，视季节而变化，冬季迟，夏季早)。

①放鸭出门，在水面撒水草，让鸭群在水中洗澡、交配、食草。

②进鸭舍拣蛋，观察并记载鸭蛋数量、重量及质量情况。

③把饲料盆、水盆拿出洗净，置于运动场上。

④观察鸭粪状态(研究饲料消化情况)。

⑤拌好饲料，进行第1次喂食。

(2)上午(8:30～11:00)。

①在水面撒上草，喂青饲料。

②舍内清理，铺上干净的垫草或砻糠灰，铺草时人要倒退，以免新铺的垫草被踩踏。

③喂一次螺蛳等鲜活饲料(根据当地具体情况而定)。

④拌好第2顿饲料，将水盆、料盆清洗后移到舍内，加好饲料和清水。

⑤将白天产在运动场上的蛋收集起来，运蛋入库。

(3)中午(11:00～13:00)。赶鸭入舍，吃食后休息。

(4)下午(13:30～17:30)。

①放鸭出门，在水面撒水草，让鸭群在水中吃草、交配、洗澡。

②将舍内的料盆、水盆拿出，清理后置于运动场上。

③拌好饲料，15:00～16:00，喂第3次饲料。

④进鸭舍再铺垫一次干草。

⑤将料盆、水盆移进鸭舍内加好饲料和饮水，17:30～18:00赶鸭入舍(时间随季节变化)。

⑥室内开亮电灯。

(5)晚上。晚上9:00左右入舍检查1次，并加水、加料，10:00关闭电灯，只留弱光通宵照明。

91. 减少各种应激因素对提高产蛋量有何作用?

减少各种应激因素。蛋鸭生活有规律，但富神经质，性急胆小，易受惊扰。因此在饲养过程中要注意以下几点。

①饲料品种不可频繁变动,不喂霉变、质劣的饲料。

②操作规程和饲养环境尽量保持稳定,养鸭人员也要固定,不常更换。

③舍内环境要保持安静,尽力避免异常响声,不许外人随便进出鸭舍,不使鸭群突然受惊,特别是刚产头几个蛋时,使之如期达到产蛋高峰。

④饲喂次数与饲喂时间相对不变,如本来1天喂4次,突然减少饲喂次数或改变饲喂时间均会使产蛋量下跌。

⑤要尽力创造条件。提供理想的产蛋环境,特别注意由气候剧变所带来的影响。因此要留心天气预报,及时做好准备工作。

⑥在产蛋期间不随便使用对产蛋率有影响的药物。

92. 为何要随时掌握鸭群的动态?

随时掌握鸭群动态,重点是鸭子的采食、排泄、产蛋情况。

①对鸭群每日采食量做到心中有数,一般产蛋鸭每日喂配合料150克左右,外加50～150克青绿饲料,如采食量减少,应分析原因,采取措施,不然连续3天采食量下降,第4天就会影响产蛋量。

②粪便的多少、形状、内容物、气味等,也应该熟悉。如拉出的粪便全为白色,说明动物性饲料吸收不好。把粪便放在水中洗一下呈蓬松状。白的不多显示出动物性饲料喂量恰当。

③检查产蛋状况更为重要,早上拣蛋时留心观察鸭舍内产蛋窝的分布情况,鸭子每天产蛋窝的多少一般有规律可循,

每天产置的个数和重量要心中有数，最好记录在册，并绘成图表与标准相对照，以便掌握鸭群的产蛋动向。

93.蛋鸭产蛋盛期该如何饲养？

产蛋盛期（中期）的饲养技术当产蛋率达 90%以上时，即进入盛产期，经过 100 多天的连续产蛋后，体力消耗大，健康状况已经不如产蛋初期和前期，若营养满足不了需求，产蛋量就要减少，甚至换毛，这是比较难养的阶段。本阶段饲养管理的重点是维持高产，力求使产蛋高峰达到 400 日龄以后，因此应提高饲料质量（增加日粮营养浓度），喂给含 19%～20%蛋白质的配合料，并适当增喂颗粒型钙质和青饲料，此时蛋鸭用料可通过观察蛋鸭所排出的粪便、蛋重、产蛋时间、壳势、鸭身羽毛等变化进行调整。盛产期间蛋鸭保持产蛋率不变，蛋重 8 个/500 克，且稍有增加，体重基本不变，说明用料合理，此时体重如有减轻，增喂动物性饲料；体重增大，可将饲料的代谢能降下来，适当增喂青饲料，控制采食量。

94.如何加强蛋鸭产蛋后期的饲养管理？

产蛋后期是指 400～500 日龄，经过 8 个多月的连续产蛋以后，到了后期产蛋高峰就难以保持下去了。但对于高产品种，如饲养管理得当，仍可维持 80%左右的产蛋率。此阶段的管理要点如下。

①根据体重和产蛋率确定饲料的质量和喂料量，应根据具体情况，区别对待。

②每天保持16小时的光照时间，不能减少。如产蛋率已降至60%时，可以增加光照时数直至淘汰为止。

③管理上要多放少关，促进运动。每天在舍内噪鸭2～3次(即每次放鸭出舍前，饲养员轻赶鸭子在舍内做转圈运动，每次5～10分钟)。

④操作规程要保持稳定，避免一切突然刺激而引起应激反应。此时的产蛋率，好像到了"风烛残年"，极易垮下来，任何光、电雷雨声的突然刺激，都会造成严重后果。

⑤注意天气变化，做好防范工作。

⑥观察蛋壳质量和蛋重的变化。如出现蛋壳质量下降，蛋重减轻，可增补鱼肝油和无机盐添加剂。

95. 蛋鸭休产期该怎样饲养管理?

休产期的饲养管理经过一个长长的产蛋期以后，精神、体力都明显下降。这时若遇高温、高湿、过冷天气，饲料营养水平突然下降和发生疾病等，鸭就要减少产蛋，并很快停止产蛋而脱毛换羽，这叫自然换羽。自然换羽的时间很长(包括恢复产蛋时间)，一般需要3～4个月，有的品种需要4～5个月。自然换羽后，鸭的第2个产蛋期的产蛋数将会比第1个产蛋期下降10%～30%，品种不同，下降的幅度也不一样。由于产蛋鸭在换羽时，它从食物中所吸收的营养需要用于新羽的生长，因此停止产蛋。公鸭也由于生长新羽，配种能力和精液质量大大降低。在一个鸭群中，低产鸭换羽较早，换羽持续时间长，严重影响产蛋量，高产鸭则换羽较迟，常在秋末进行，而且换羽迅速，停产时间短，因此产蛋量高。

96. 影响产蛋的主要因素有哪些?

(1)品种因素。产蛋率的高低,产蛋周期的长短,产蛋持续性的强弱以及蛋重的大小,都与品种有密切关系,这是取得高产的前提。如能选择一个好的品种饲养,产蛋量可以几成、甚至成倍提高。

(2)营养因素。进入产蛋期以后,蛋鸭对营养物质的需求量比以前各个阶段都高,除用于维持生命活动必需的营养物质外,更需要大量由于产蛋所必需的各种营养物质。如绍鸭和金定鸭,第 1 个产蛋年中,平均可以产出 20 千克左右的鲜蛋,相当于鸭子本身体重的 13 倍左右,如不能在日粮中提供足够的营养物质,高产是不可能实现的。

①能量的需要。能量的需要量,主要决定于体重的大小、环境温度的高低和产蛋率的高低、蛋重的大小。体重大,耗用的维持能量多;体重小,耗用的维持能量就少;产蛋率高,蛋重大的个体,需要的能量多;产蛋率低,蛋重小的个体,需要的能量就相对少些。

一般来说,蛋鸭对能量的摄入量有保持比较恒定水平的机能。当日粮中能量较高时,采食量会减少;当日粮中能量降低时,采食量就会增加。但这种保持比较恒定能量的摄食能力不是绝对的,在环境温度变化很大或日粮中能量水平调整过大时,机体并不能完全适应,有时会出现能量过多(形成肥胖)或能量不足(致使消瘦)的结果。同时在采用一个固定的饲料配方中,由于机体按能量需要调节着采食量,常常因采食量的多少,影响蛋白质和其他营养物质的摄入量。因此能量水平是否适当,还要考虑能量和蛋白质以及其他营养物质是否保持正确的比例,这就是能量蛋白比,即每千克日粮所含代谢能的千焦数与日粮中粗蛋白质百分之比。

能量需要量的计算方法是:维持需要的代谢能加产蛋需要的代谢能(根据蛋的大小与产蛋率算出)。例如:体重 1.5 千克的母鸭,每日维持需要的代谢能假定为 860 千焦,每生产 1 个 67 克重的蛋需要代谢能约为 880 千焦,其产蛋率为 90% 时,则这只鸭每天需要的代谢能为:

$$860\text{ 千焦}+880\text{ 千焦}\times 0.9=1\ 652\text{ 千焦}$$

假定饲喂的日粮每千克含代谢能为 11 000 千焦,则这只鸭的每天给食量为:

$$1\ 652\text{ 千焦}\div 11\ 000\text{ 千焦/千克}=0.150\text{ 千克}$$

即此鸭的每日喂料量应定为 150 克。

②蛋白质的需要。主要决定于体重、产蛋率、蛋重、蛋白质的消化率和利用率。体重大、产蛋率高、蛋重大,产蛋鸭所需蛋白质就多,反之就少。蛋白质的利用率和消化率受年龄、健康、日粮组成,特别是各种氨基酸是否平衡、尤其是必需氨基酸是否足量等因素的影响。

蛋白质的需要量=(维持需要蛋白质+产蛋需要蛋白质)×产蛋率×蛋白质的消化率×蛋白质的利用率

举例:体重 1.5 千克的母鸭,每日维持需要蛋白质约 3.9 克(按每天排氮量推算),每产一枚 67 克的蛋约含蛋白质 9.38 克,产蛋率为 90%,假设蛋白质的消化率为 75%,利用率为 60%，则这只母鸭每天的蛋白质需要量为：

(3.9 克+9.38 克)×90%×75%×60%=5.37 克

假定饲喂的日粮中粗蛋白质含量为 18.2%，则这只鸭的每天给食量为：

5.37÷18.2%=29.55 克

③钙的需要量。主要决定于体重、产蛋率、蛋重和环境温度等因素，一般体重大、产蛋率高、蛋重大、气温高、年龄大，日粮中钙的含量要高，反之即低。

一只 1.5 千克的蛋鸭，每日钙的维持需要约 0.18 克，如生产一枚 67 克重的蛋，其中蛋壳重占 10%，即壳重 6.7 克，蛋壳中钙约占 40%，好蛋壳中含钙量约为 2.68 克，蛋内还含有钙，约 0.03 克，合计为：

0.18 克+2.68 克+0.03 克=2.89 克

假定蛋鸭对日粮中钙的消化、利用率只有 60%，则这只鸭每天钙的需要量为：

2.89 克/0.6=4.82 克(按产蛋率 100%计算)

如果这只鸭子每日的喂料量为 150 克，那么日粮中的含钙量应为：

4.82/150=0.032(3.2%)才能满足其产蛋的钙需要量。

④维生素的需要。维生素 A：需要量为 1 千克饲料中 8 000～10 000 国际单位。维生素 D：需要量为 1 千克饲料中 400～600 国际单位，鸭常晒太阳一般不会缺乏。维生素 E：需要量为 1 千克饲料中 30 国际单位。维生素 B_1：一般 1 千

克饲料应含 1～3 毫克。维生素 B_2:1 千克饲料中应含有 3～4 毫克。烟酸:1 千克饲料中应含有 35～60 毫克。胆碱:1 千克饲料中应含有 800～1 000 毫克。

⑤水:产蛋鸭缺水 1 天,产蛋量将很快下降,数周才能恢复。

(3)环境因素。环境因素较复杂,对产蛋影响最大的因素有两个:光照和温度。

①光照。光照的主要作用是刺激脑下垂体加强分泌促性腺激素,促进卵巢的发育,从而分泌滤泡激素和排卵诱导素,促进滤泡成熟并排卵。所以在培育期内,控制光照时间,目的是防止青年鸭的性腺提早发育,过于早熟;即将进入产蛋期时,要有计划地逐步增加光照时间,提高光照强度,目的是促进卵巢的发育,达到适时开产;进入产蛋高峰期后,要稳定光照制度(光照时间和光照强度),目的是保持连续高产。

光照强度是指光线照射的亮度,又称照度,常用勒克斯作为照度单位。灯泡的功率以瓦计算,1 瓦等于 12.65 流明。由于灯泡发出的光一部分被墙壁、天花板、设备等所吸收,所以有效光线约 45%,1 瓦实际只有 5.65 个有效流明。

产蛋期的光照强度以 5～8 勒克斯为宜,如灯泡高度离地面 2 米,一般每平方米鸭舍按 1.3～1.5 瓦计算,大约 18 米^{2}的鸭舍装一盏 25 瓦的灯泡。安装灯泡时,灯与灯之间的距离相等,悬挂的高度要相同。大的灯泡挂得高,距离宽,小灯泡则相反。实际使用时,通常不用 60 瓦以上的灯泡,因为大灯泡光线分布不匀,且费电。日光灯受温度影响较大,一般也不使用。灯泡必须加罩,使光线照到鸭的身上,而不是照着天花板。鸭舍灰尘多,灯泡要经常擦拭,保持清洁,以免蒙上灰尘,影响亮度。

光照效果，一般需要 7～10 天才能产生，在产蛋期内，不能因为达不到立竿见影的效果而突然增加光照时数或提高光照强度。一般每次增加量不超过 1 小时，增加后要稳定 5～7 天。

进入产蛋期的光照原则是：只宜逐渐延长，直至达到每昼夜光照 16～17 小时，不能缩短；不可忽照忽停，忽早忽晚；光照强度不宜过强或过弱，只许渐强，直到达到每平方米 8 勒克斯照度，不许渐弱，不许忽强忽弱；否则将使产蛋的生理机能受到干扰，严重影响产蛋率。

合理的光照制度，能使青年鸭适时开产，使产蛋鸭提高产量；不合理的光照制度，会使青年鸭的性成熟提前或推迟，使产蛋鸭减产停产，甚至造成换羽，给生产带来损失。

合理的光照制度要与日粮的营养水平结合起来实施，进入产蛋期前后，如只改变日粮配方，提高营养水平和增加饲喂量，而不相应增加光照时数，生殖系统发育慢，易使鸭体积聚脂肪，影响产蛋率；反之，只增加光照，不改变日粮配方，不提高营养水平和增加喂量，会造成生殖系统与整个体躯发育不协调，也会影响产蛋率。

所以两者要结合进行，在改变日粮的同时或前 1 周，即可增加光照时间。

②温度。为了充分发挥优良蛋鸭品种的高产性能，除营养、光照等因素外，还要创造适宜的环境温度。鸭是恒温动物，虽然对外界环境温度的变化，有一定的适应能力，但超过一定的限度，就要影响产蛋量、蛋重、蛋壳厚度和饲料的利用率，也影响受精率和种蛋孵化率。鸭没有汗腺可以散热，当环

境温度超过30℃时，体热散发慢，尤其在圈养而又缺乏深水活水运动场的情况下，由于高温影响，采食量减少，正常生理机能受到干扰，蛋重减轻，蛋白变稀，产蛋率下降，严重时会引起中暑；如环境温度过低，鸭体为了维持体温，势必白白消耗很多能量，使饲料利用率明显下降。成年鸭适宜的环境温度范围是5～27℃。

产蛋鸭最适宜的温度是13～20℃，此时产蛋率和饲料利用率都处在最佳状态。因此要尽可能创造条件，提供理想的产蛋环境温度，以获得最高的产蛋率。

(4)季节因素。

①春季气候转暖，日照增加，对产蛋极为有利。此时饲料要充足，营养要全面，并且常备足清洁饮水；适当增加鸭的舍外活动，多接触阳光，根据天气情况决定鸭群下水时间；另外春季天气多变，应注意防寒保暖，搞好清洁卫生。

②夏季要注意防暑降温，早晚可用百毒杀或过氧乙酸带鸭喷雾消毒。调整日粮，适当降低能量水平，增加蛋白质、钙、磷、复合维生素含量，添加速补、碳酸氢钠、维生素C等抗热应激药物；集中早晚凉爽时饲喂，中午要喂些块茎、瓜类等清凉饲料，适当喂些葱蒜刺激鸭的食欲，注意饲料新鲜度。夏季雨水较多，鸭群必须防止雨淋，以免生病。

③秋季气候多变，昼夜温差大，此时日常操作和饲养环境尽量保持稳定，尽可能减少舍内小气候的变化幅度；适当补充人工光照，适当增加日粮营养水平，特别是蛋白质水平；在秋末产蛋下降或人工换羽前应对鸭群做一次驱虫，每千克体重可用盐酸左旋咪唑50毫克，间隔2天重复1次；或每千克体重砒酮30毫克。

④冬季气温低，日照时间短，此时首先应注意防寒保暖，深夜舍内温度应保持在5℃以上，适当增加养殖密度；适当增加日粮中能量饲料的比例，饲喂量比春秋季节增加10%～15%，夜间增食可提高产蛋量10%左右；供给温水，补充光照；每天选温暖时下水，下水前在舍内缓慢驱赶4～5圈，气温过低时可以不下水；平时注意通风换气，搞好清洁卫生。

(5)健康因素。

①建立完善的卫生消毒制度。鸭舍、运动场要经常清扫、消毒。垫过的稻草要焚烧，不可晒后重复使用，清除的粪便和污物需堆积发酵；游泳池要勤换水，定期用生石灰消毒，保持水体透明度25～40厘米。

②做好疾病防疫工作。

免疫接种。一般1日龄免疫鸭肝炎弱毒疫苗，7日龄、25日龄及开产前各免1次鸭瘟弱毒疫苗，10日龄左右免1次浆膜炎-大肠杆菌二联油苗，为了预防禽流感，还应该在20日龄、50日龄和开产前各免1次禽流感油苗。

药物预防。在饲料、饮水中添加抗菌药物或其他药物，用于预防细菌性疾病、寄生虫疾病或其他内科疾病。

97. 高产蛋鸭产蛋期的饲养管理应该注意哪些问题?

高产蛋鸭产蛋期的饲养管理，主要以提高产蛋和蛋重、减少破损蛋、节省饲料和降低死淘率为目的。根据蛋鸭的周龄、产蛋率及生理特点，大致可分为产蛋前期、产蛋中期和产蛋后期3个阶段，在每一饲养阶段供给不同的营养和采用相应的管理措施，以满足产蛋鸭的营养需要。

(1)产蛋前期应该注意事项。

①产蛋前期一般为母鸭17～24周龄期间，此时鸭子已达体成熟和性成熟，鸭群已陆续开产并且产蛋率迅速增加，高产鸭24周龄时产蛋率可达80%。此阶段饲养管理的侧重点是关注产蛋率及蛋重的上升趋势，随之增加饲喂量和提高营养水平，尽快达到产蛋高峰。

②产蛋前期建议用产蛋期的饲养标准，特别要注意能量、蛋白质和钙、磷的水平，要求含蛋白质18%、钙3.5%、磷0.5%，不喂青饲料的鸭群需适量增加维生素。

③产蛋前期的光照原则是：只宜延长，不可缩短，每周补光递增不超0.5小时，直到22周龄达到16小时，具体实施每18米^{2}安装高2米、瓦数25瓦灯泡1个即可。

(2)产蛋中期应该注意事项。

①产蛋中期也称产蛋高峰期，一般为24～46周龄。此阶段管理的重点是尽可能维持产蛋高峰，力争延长产蛋高峰期。

②产蛋高峰期间应提高饲料质量，保证其营养需要。喂给含蛋白质18%～20%的配合料，并适当增喂动物性饲料、颗粒料和青饲料。此期的料型一般不变。

③盛产期间蛋鸭产蛋率保持不变，体重基本不变，绍鸭体重1 450～1 500克，说明喂料量适宜。此时体重如有减轻，需增喂动物性饲料，体重增大时，可将饲料中的代谢能降低，适量增喂青粗饲料或控制采食量，但动物性饲料不变。另外，沙砾的补充也是不可缺少的，而且在整个饲养过程中应不断补充；光照每天要恒定保持16小时。

(3)产蛋后期应该注意事项。

①产蛋后期是指蛋鸭47～72周龄的产蛋期。鸭子经过

5 个多月的连续产蛋以后，产蛋高峰就难以保持了，一般每周下降不应超过 1%。

②这一阶段的管理要点是根据鸭子的体重和产蛋率来确定饲料的质量和喂量。鸭群产蛋率仍在 80%以上，而鸭子的体重却略有减轻的趋势，应在饲料中适当增加动物性饲料；如果鸭子体重增加且有发胖的趋势时，但产蛋率还有 80%左右，这时可将饲料中的能量水平降下来，并适量增喂青粗饲料或增加鸭群的运动量。如果体重正常产蛋率仍较高，饲料中的蛋白质水平应比上阶段略有增加；如出现蛋重减轻、蛋壳质量下降，应增补蛋白质饲料、鱼肝油和无机盐添加剂。光照要持续 16 小时，鸭群 60 周龄或产蛋率下降到 80%时，光照时间可延长至 17 小时。管理鸭群应注意多放少关，促进运动防止肥胖。

(4)产蛋期还应该注意问题。

①严格执行兽医卫生制度，保持鸭舍及运动场的环境卫生、饮水和饲料的卫生，谨防饲料发霉变质，水盆、饲盆每天要洗刷，舍内外及运动场要定期消毒，必要时可在饮水中添加消毒剂。

②预防或治疗疾病时，不使用禁用的药物和影响产蛋的药物，可选用微生态制剂。疫苗接种和驱虫等事项应在开产前进行。

③根据不同季节制定每日的工作程序，每天放圈、集蛋、喂料、打扫卫生、垫料的补充或更换、开灯、关灯等各项工作都应固定时间，不能随意改变，做到有条不紊。

④认真做好记录。在生产过程中，应做好各项记录，包括生产日记、用料、免疫、用药、死淘、产蛋等，根据记录分析生产实际情况，发现问题及时纠正，总结经验。

98. 观察蛋鸭疾病的技巧有哪些?

(1)看体重。鸭群的产蛋率在80%以上,而鸭的体重略有减轻的趋势,应在适当增喂动物性饲料;鸭体重增加,身体也有发胖趋势,但产蛋率还在80%时,可适当增喂粗饲料和青绿饲料,或通过控制其采食量,不让鸭吃太多的精料,但动物性蛋白质饲料还应保持原有水平或略有增加;体重正常,产蛋率也较高,饲料中的蛋白质水平比先前阶段略有增加;产蛋率降至60%,且难以回升时,无需加料。

(2)看粪便。若鸭的粪便粗大、松软、呈条状,表面有光泽,用脚轻拨后能分成几段,表示精、粗、青料搭配合理;粪便细小结实,颜色发黑,拨后断面呈粒状,说明精饲料量过多、青料量少,消化吸收不正常,应减少精料喂量,增喂青料;粪色浅、不成形,一排出就散开,表明精饲料饲喂不足,营养水平偏低,应补喂精料;粪便呈黄白色或灰绿色,有恶臭味,说明鸭有病,应隔离治疗。

(3)看产蛋。若蛋形异常且小,说明营养不足,须加喂豆饼、花生饼、鱼粉等富含蛋白质的饲料,把日粮中粗蛋白质的含量提高到20%,并适当增加日粮总量;蛋壳变薄、透亮,有砂眼,粗糙或软壳,说明饲料质量不好,特别是钙质不足或维生素D缺乏,应添加骨粉、贝壳粉、石灰粉等矿物质及维生素D含量丰富的饲料;如蛋重减轻,可增加鱼肝油和无机盐添加剂;若产蛋时间集中在凌晨2:00,说明喂料得当,如每天推迟产蛋,而且蛋变小,则要增喂饲料。

(4)看精神。产蛋率高的健康鸭,精力充沛,潜水时间长,上岸后羽毛光滑不湿，抖毛时水滴四溅。若鸭精神不振，行动无力，放出后怕下水，下水后羽毛沾湿，甚至下沉，说明其日粮营养不足，应及时加喂动物性鲜活饲料，并补足鱼肝油，以清鱼肝油为好，拌在粉料中喂，按每只鸭每天1毫升的量饲喂，喂3天停7天为一个疗程，也可每只每天喂0.5毫升，连续喂10天。

99.如何进行人工强制换羽?

母鸭经过几个月连续不断的产蛋，体内营养物质不断消耗，或因日粮中营养不完善及管理不善，都会出现脱毛换羽现象，换羽期间，母鸭产蛋量减少甚至停产；所产的蛋，品质也不好，容易破损；而且自然换羽的时间较长(约4个月)，换羽后的初期产蛋也参差不齐，影响鸭群的饲养管理和种蛋的孵化。

为了保持鸭群产蛋平衡，争取秋冬季多产蛋，和冬季有较多的肉鸭供应市场，可以将一部分产蛋鸭(种鸭)在夏季实行人工强制换羽，在短期内恢复产蛋。

人工强制换羽的时间，应根据各地饲养条件，鸭群产蛋率和孵化季节等来决定，一般在7、8月份进行。北京地区多在6月初，广东地区多在春末夏初(芒种前后)进行人工换羽。如鸭产蛋率下降到30%，有部分鸭子已开始换羽，又不是孵化旺季，也可进行强制换羽。

强制换羽分为以下3个步骤。

(1)停产。也叫“关蛋”，即在短短的几天里，使母鸭由产蛋变为不产蛋。把要进行强制换羽的鸭子关在棚舍内不放牧，舍内保持较暗的光线，不清除垫草、粪便，有意将羽毛脏污,头 2 天仅白天喂 2 次,喂量为正常量的 1/2,夜间不喂。到第 3～4 天仅供给水草和清水,或者连续 2～3 天不喂任何饲料,只给饮水;3 天后才给粗饲料(糠麸、水草、瘪谷、番薯等)。由于生活条件的急剧变化,鸭子前胸和背部羽毛已相继脱落,主翼羽、副翼羽和尾羽的根已呈现干枯透明而中空等现象,这时便可进行人工拔羽。

(2)拔羽。在拔羽前必须详细观察鸭的生理变化,判断是否已到了拔羽的适当时机。第 1 个特征是嘴、脚色素减退,如北京鸭的嘴、脚可由橘黄色变为淡黄色,最后近于白色。第 2 个特征是两膀肌肉收缩。第 3 个特征是羽管根部"脱壳",这是拔羽前最重要的一个特征。所谓"脱壳",是指拔出的羽毛的羽管尖端不带血、筋与肉丝。出现上述情况以后,便开始拔羽。拔羽时,用左手抓住鸭的两翼,然后用右手由内向外侧,从第 1 根往第 10 根逐渐试拔。先拔主翼羽,后拔副翼羽,再拔尾羽。如试拔时不太费劲,拔出的羽根不带嫩尖或血液,可一次拔完;否则,可隔 2～5 天再拔 1 次。

(3)恢复。母鸭拔羽后,再逐渐恢复正常的饲养管理。但增加饲料不能操之过急,应由少到多,由粗到精,逐步过渡到正常。每天除白天喂 2 次外,晚上增加 1 次,并在日粮中增加维生素饲料和矿物质饲料(如石膏),促使羽毛生长。

舍内每天要铺新干草,夏季要阴凉防暑,这样新羽毛可在拔除旧羽后 25～30 天长齐。人工强制换羽从停产到恢复产蛋要经历 35～45 天。

鸭子拔羽后,当天不宜放水和放牧,因此时毛孔的伤口未愈合,放水放牧容易感染细菌。最好让鸭子休息 1 天再放水和放牧,但时间要短,地点要近。以后逐渐增加,并要防止被雨水淋湿，至拔羽后 10 天才能恢复正常管理。

强制换羽时要将公、母鸭分开，以防母鸭受害。在头 2 天减料时.要使每只鸭子都能同时采食，以防采食不均，达不到普遍控制采食量的目的。

100. 蛋鸭如何安全越冬?

(1)控室温。越冬蛋鸭防寒保暖至关重要，夜间保持棚内温度在 5℃以上，才能确保高产蛋率，因此，每晚喂鸭后，须围严鸭棚。棚外四周可用稻草或麦秸编成的草毡围实，外加一层塑料薄膜，特别是棚顶的盖草厚度不能低于 5 厘米。

(2)厚垫草。在鸭舍内墙四周产蛋区内，铺垫 30 厘米厚的干净柔软稻草或麦秸等草料，早晨拣蛋后，可将窝内旧草撒铺在鸭舍内;每晚鸭群入舍前，再添加新草作产蛋窝，使垫草逐渐积累。数日出草 1 次。

(3)保营养。蛋鸭越冬期既要御寒又要产蛋，能量消耗很大，须适当增加玉米等能量饲料的比例，饲喂量比夏秋季增加 10%～15%，并供给充足的青绿饲料或定时补充维生素 A、维生素 D、维生素 E。在饲料中添加 3%～5%的油脂，每天中午供给一次切碎的白菜或萝卜樱等青绿饲料，效果会更好。

(4)添夜食。冬季昼短夜长，且夜间气温较低，如能在夜间添喂一次温热饲料，不仅能增加蛋鸭营养，有利于鸭子御寒，还可提高产蛋率 10%以上。但夜间补料应当注意两点:一是必须供给温热饮水，二是夜食中应以玉米等高能量饲料为主，蛋白质不可过多。

(5)热饲饮。冬季必须做到热饲温饮，精料须用温热水调制，饮水也必须为温热水，其温度以38℃左右最佳，切忌饮用冰雪水。

(6)**补光照。**冬季自然光照少，鸭脑垂体内分泌腺活动减少会导致产蛋率大幅下降，这就要求进行人工补充光照。一般要求每天的光照时间不能少于16小时。可在鸭棚内按每30米^{2}安1盏60瓦灯泡的量进行补光。灯泡离鸭背2米高，并装上灯罩。早晚定时开灯，可提高产蛋量20%左右。

(7)**多戏水。**戏水一般在中午温度较高时进行。若室内外温差太大，放鸭前应逐渐打开所有窗，调节室内外温差。然后赶鸭在舍内慢慢转圈运动4～5圈，当80%左右的鸭发出强烈的鸣叫声时方可让鸭入池戏水。

(8)**中密度。**越冬鸭群密度以每平方米饲养8～9只为佳，有利于鸭群的自身保温。

(9)**防疫病。**特别要注意越冬鸭群舍内清洁卫生，经常清除舍内粪尿、垫草等垃圾。白天鸭群出舍后，要敞开所有门窗通风换气，保持舍内干燥整洁。一旦发现病鸭，要及时隔离诊断治疗，并对鸭舍进行紧急消毒处理。

101. 如何测定鸭的产蛋性能？

(1)**开产日龄。**个体记录群以产第1个蛋的平均日龄计算。群体记录中，鸭按日产蛋率50%的日龄计算。

(2)**产蛋量。**按入舍母鸭数统计：

$$\text{入舍母鸭数产蛋量(枚)}=\frac{\text{统计期内的总产蛋量}}{\text{入舍母鸭数}}$$

按母鸭饲养日数统计：

$$\text{母鸭饲养日产蛋量(枚)}=\frac{\text{统计期内的总产蛋量}}{\text{统计期内日平均饲养母鸭只数}}$$

或

$$\text{母鸭饲养日产蛋量(枚)}=\frac{\text{统计期内的总产蛋量}}{\text{统计期内日饲养只数累加数}\div\text{统计期日数}}$$

如果需要测定个体产蛋记录，则在晚间，逐个捉住母鸭，用中指伸入泄殖腔内，向下控查有无硬壳蛋进入子宫部或阴道部，这叫“探蛋”。将有蛋的母鸭放入自闭产蛋箱内关好，待次日产蛋后放出。

(3)产蛋率。母鸭在统计期内的产蛋百分比。按饲养日计算：

$$\text{饲养日产蛋率}=\frac{\text{统计期内的总产蛋量}}{\text{实际饲养日母鸭只数的累加数}}\times100\%$$

注：统计期内总产蛋量指周、月、年或规定期内统计的产蛋量。按入舍母鸭数计算：

$$\text{入舍母鸭数产蛋率}=\frac{\text{统计期内的总产蛋量}}{\text{入舍母鸭数}\times\text{统计日数}}\times100\%$$

(4)蛋重。平均蛋重：从300日龄开始计算（以克为单位），个体记录者须连续称取3枚以上的蛋，求平均值；群体记录时，则连续称取3天总产量平均值。大型鸭场按日产蛋量的5%称测蛋重，求平均值。

总蛋重：指每只种母鸭在一个产蛋期内的产蛋总重。

$$\text{总蛋重(千克)}=\frac{\text{平均蛋重(克)}\times\text{平均产蛋量(枚)}}{1\,000}$$

(5)母鸭存活率。入舍母鸭数减去死亡数和淘汰数后的存活数占入舍母鸭数的百分比。

$$\text{母鸭存活率}=\frac{\text{入舍母鸭数}-(\text{死亡数}+\text{淘汰数})}{\text{入舍母鸭数}}\times 100\%$$

102.影响鸭蛋蛋黄着色的因素有哪些?

蛋鸭卵巢的次级卵泡从发育到成熟排卵约需10天,其类胡萝卜素以同心圆的顺序均匀沉积到卵黄中。因此,在这段时间内任何影响色素沉着的因素(包括料源性的外因或源于动物吸收、代谢、疫病的内因)均会影响蛋黄的色泽。

(1)原料质量。

①玉米质量。在玉米-豆粕类型日粮中,玉米提供的天然类胡萝卜素构成了日粮中着色成分的主要部分。因此,玉米的质量如何,对蛋黄色泽起着决定作用。资料表明,使用的玉米由于产地(东北或华北)、收获季节(春玉米或秋玉米)、加工方法(自然风干或人工烘干)、贮存条件与时间等存在很大差异,玉米中的叶黄素含量也有很大差异。生产蛋鸭全价饲料时,如何选用库存玉米成为饲料厂的生产技巧之一,事实上这也是使用库存玉米最难做到的事情。

②玉米蛋白粉的质量。由于此类加工副产品的质量变化很大,不少含玉米麸质预混合产品本身就没有一个质量标准,加之玉米蛋白粉的贮存时间与所含类胡萝卜素的氧化失活程度有关,使饲料厂更难掌握着色剂的添加量。更有甚者,近年市面上掺假(如加入膨润土、建筑涂料铬黄等)产品屡见不鲜,

饲料厂防不胜防。

③棉子饼、菜子饼(粕)的质量与用量。由于此类原料含游离棉酚、环丙烯脂肪酸、芥酸、硫葡萄糖苷等多种有害物质，这些有害物质在动物体内的代谢过程不同程度地影响了类胡萝卜素的吸收与代谢，使蛋黄的色素沉积效果大大降低。

④脂肪质量饲料中添加适量的油脂，有利于色素的吸收与沉着，但氧化酸败的油脂在代谢过程中严重影响类胡萝卜素的代谢沉积。

⑤矿物质的种类与用量。当日粮中添加过量的石粉、贝壳粉、膨润土时，由于导致消化道的 pH 值发生较大的改变，钙离子等矿物质元素与饲料中的脂溶性物质较易发生络合反应，形成不被吸收的皂化物，严重影响色素的吸收利用。

⑥防霉剂。含有苯甲酸的防霉剂会严重妨碍类胡萝卜素的吸收。

(2)加工、贮存条件。饲料贮存时间过长(尤其在高温季节)时，其中含有的色素成分会因氧化而失活。

(3)营养因素。当日粮因添加油脂而致使能量浓度发生改变时，必然导致采食量下降，每天摄入的着色成分相应减少。因此，加油脂的饲料应根据日粮能量浓度来相应调整天然色素的添加量。此外，日粮中的维生素 A 含量过高或过低，都会直接影响类胡萝卜素的吸收及代谢，进而影响蛋黄的色泽。

(4)气候因素。不适宜的气候主要影响采食量，导致色素的摄入量减少，如高温季节蛋鸭每天的采食量从 150 克降至 120 克时，相当于减少 20%的色素摄入量。况且炎热环境使鸭群饮水量剧增，使饲料在消化道中的排空时间大大缩短，其消化吸收率显著下降，色素在蛋黄中的沉积量亦会减少。

此外，由于目前蛋鸭饲养条件的局限性，雷雨季节常对鸭群产生应激，导致采食量明显下降，饲料的消化吸收也难免受影响，因而鸭蛋的色素沉积效果亦较不稳定。

(5)**疫病与应激。**常见的呼吸道和消化道疾病均会严重影响类胡萝卜素的吸收与代谢。特别在小面积的死水池塘饲养的鸭群，大肠杆菌感染几乎不可避免，此病的初期临床感染一般不被饲养者察觉，但既影响蛋鸭的采食量，又影响饲料的消化吸收与代谢，可能还对体内病理过程有影响，对影响蛋黄的着色尤为显著。此外，蛋鸭的腺病毒感染时有发生，一般不会产生典型的临床症状，一旦病毒感染恢复后，蛋黄色泽又逐渐恢复正常，使饲养者更难找到蛋黄色泽变化的真正原因。

所有对鸭群造成应激的因素均会影响饲料的采食量或消化吸收效果，从而影响色素的沉积效果。

(6)**霉菌毒素。**霉菌毒素既影响类胡萝卜素的吸收，也影响其他代谢，而且这些毒素的存在一般难以被生产者肉眼察觉。事实上，存放在鸭场的饲料由于贮存条件极差，容易滋生各种霉菌，况且鸭舍的垫料及喂料设备本身就是各种霉菌的发源地，却很少引起饲养者的注意。

(7)**药物。**使用某些药物会影响蛋黄色素的吸收与利用，这究竟是疾病过程造成还是药物代谢导致仍有待进一步证实。

在生产实际中，以上所列各种影响蛋黄着色的因素可能同时存在数种，使人们难以分辨及采取相应的对策。事实上有些影响因素是难以人为排除的，只有在生产中及早提防并采取补救措施，才可使影响尽可能减小。

九、番鸭饲养管理技术

103. 番鸭育雏前应该做好哪些准备工作?

(1)棚舍的冲洗。清扫或冲洗棚舍的墙壁、地面及舍外围环境,最好用20%石灰乳涂刷墙壁,用5%漂白粉混悬液和其他消毒液喷洒消毒地面。

(2)器具的消毒。对棚舍内的所有器具如饮水器、料盘、料桶、水槽等均要洗刷干净,用配制合适的消毒剂浸泡或冲洗消毒。棉絮、毛毯、垫草等用前应在阳光下曝晒1~2天。整修好供热取暖及照明设施,并在适宜位置悬挂室温计。

(3)舍内的熏蒸消毒。将舍内需用的一切器具置于舍内,用旧报纸等糊舍密闭门窗,然后用甲醛、高锰酸钾(每平方米用量14毫升和7克)进行烟雾熏蒸,密闭消毒24小时。然后打开门窗,自然通风,以没有强烈的刺鼻感为准。

(4)育雏饲养的方式。育雏可采用高床网养、厚垫料平养或网养与平养相结合三种方法。育雏用网可选用塑料网、铁丝网、也可用竹片、木片自制。木条宽度1.5~2.0厘米,竹条直径1.8~2.0厘米,木条或圆木间距1.5~2.0厘米,金属制作的网,网眼孔直径1.5~2.0厘米,网床离地高60~70厘米。厚垫料可采用清洁干净的稻草,先在地面铺撒生石灰粉，每平方米 5 千克的量，上垫不少于 5 厘米厚铡碎为 5～10 厘米长的稻草。

(5)保温设备及方法。保温设备可用红外灯、保温伞、电阻丝或煤炉，250 瓦红外灯可保温雏鸭 100～120 只，保温伞每只可保温 200～300 只。1 个煤炉可保温 20～25 米^2 的面积，为了防止煤气中毒，可将煤炉底进气装置封闭，在边侧设置进气管和出气烟管。棚舍在进苗前提前升温，舍内温度达到 28～30℃的范围。

(6)备好饲料、药品。准备好近期用的雏番鸭饲料和疾病防治的常用药品及消毒药品，并且要准备好疫苗。

(7)雏鸭舍温度调试。进雏鸭前要做好雏鸭舍的加温调试工作，在雏鸭入舍前几小时加温预热，使之达到规定的温度且保持稳定。

104. 如何做好番鸭育雏期的饲养管理工作?

雏番鸭是指出生后至 4 周龄的小番鸭，这个阶段饲养好坏是决定番鸭饲养成败的关键阶段。

(1)育雏温度要适宜。雏鸭对温度较敏感，温度超过 35℃，稍有不慎即中暑，有的变成不长僵鸭；温度低于 10℃，雏鸭易患感冒，引起续发感染而死亡。出壳第 1～2 天的雏鸭喜温爱睡，室温以控制在 18～20℃为宜，第 3 天控温在 16～18℃为好，第 4 天室温为 15～16℃。温度控制的关键是持续稳定，千万别忽高忽低，否则易造成严重应激而染病。给温的方法很多，有电的地方可用保温伞、红外线灯等，无电的地方可用火炕、煤炉、火墙等。随着雏鸭日龄的增长，应渐渐降低育雏温度。

(2)给予适宜光照，雏番鸭适宜光照。1周龄昼夜光照24小时，照明强度5瓦/米^2(用白炽灯泡，下同)；2周龄昼夜光照17～23小时，照明强度2瓦/米^2；3周龄昼夜光照10～16小时，照明强度2瓦/米^2；4周龄昼夜光照10小时，照明强度2瓦/米^2。雏鸭的饲养密度一定要控制在适宜范围，过密易造成相互踩压，恶化空气和地面环境，降低成活率；过稀则会增加育雏成本和难度。

(3)合理控制饲养密度：雏番鸭不同性别的适合饲养密度。

①公鸭。1周龄，26只/米^2；2周龄，20只/米^2；3周龄，13只/米^2；4周龄，11只/米^2；5周龄，9只/米^2；6周龄，8只/米^2；7周龄，7只/米^2；8周龄，6只/米^2。

②母鸭。1周龄，26只/米^2；2周龄，22只/米^2；3周龄，18只/米^2；4周龄，14只/米^2；5周龄，12只/米^2；6周龄，11只/米^2；7周龄，10只/米^2；8周龄，9只/米^2。

(4)调控好鸭舍的通风和相对湿度。番鸭对氧气的需求量比普通鸭大，通风应因季节不同而不同。夏天通风要加大些，以每千克体重每小时通风10米^{3}为好；冬天则应减少通风量，每千克体重每小时通风量控制为4米^3。总之，通风量应根据饲养密度、鸭的大小、气温高低、舍内气味、鸭子的呼吸状态等灵活掌握。番鸭舍内适宜的相对空气湿度以控制在60%～70%为宜。

(5)选用适宜的鸭舍地面。3周龄内的雏鸭最好用木

(竹)条拼板或尼龙网板离地30～40厘米做地面最好,在其上放水盆和食槽,可保环境干燥、卫生,也便于打扫。木(竹)板条的间距要控制在15毫米左右。尼龙网要选用25毫米×13毫米长方形网眼或20毫米×20毫米方形网眼的网。无条件的,宜用水泥地面,并在鸭休息处铺厚2～3厘米的优质干燥稻草等。

(6)要选用适合饲养工具。1周龄以内的雏鸭可不用食槽,直接将饲料撒在塑料布或席草上即可,7天后再用食槽喂料。不同周龄雏番鸭宜占用的食槽长度为:2周龄以内每只1厘米,2～4周龄1.5厘米,5～6周龄3厘米,6周龄以上4厘米,3周龄以内的雏鸭以用塔形真空饮水器好。此种饮水器较适合雏番鸭,能保持饮水清洁并不被污染,4周龄后,随着雏鸭不断长大,需水量也随之增加,此时应改用小口径的盆或钵代替饮水器并用一竹架罩住或铁丝罩围住,可防雏鸭跳进盆或钵内洗浴。

(7)要了解雏鸭对饲料的营养要求。仔番鸭饲养期较长,比普通鸭要多养3周,不过其有补偿生长的能力,所以其饲养标准稍低些。

番鸭的饲养可分为0～3周龄、4～6周龄和7周龄至屠宰3个阶段,其营养标准为:

0～3周龄代谢能2.8～3兆卡/千克、粗蛋白质17.7%～19%、蛋氨酸0.38%～0.41%、钙0.9%。

4～6周龄代谢能2.8～3兆卡/千克、粗蛋白质14.9%～16%、蛋氨酸0.32%～0.34%、钙0.8%。

7周龄至屠宰代谢能2.8～3兆卡/千克、粗蛋白质12.3%～13%、蛋氨酸0.22%～0.23%、钙0.7%。

番鸭第 1 阶段和第 2 阶段营养需求差异很大，蛋白质需求分别是 18%和 12%左右，所以，4～6 周龄是一个过渡阶段。日粮中代谢能的高低对番鸭体重影响不大，因为它自己能调节采食量；但日粮中降低蛋白质含量时，番鸭的采食量并不会增加，它将从饲料中获得的蛋白质用于生长需要量的最低水平，而不影响饲料报酬和屠体品质，因此，适当减少第三阶段饲料的蛋白质含量，可降低饲养成本。

(8)**精心给水喂料。**育雏期应特别重视供水，千万不能断水。供水最好用温开水或温自来水。要做到先开水后喂料。雏鸭期饮水次数多，耗水大，要充足供水，以后随着个体长大，饮水次数将减少。雏番鸭喜吃夹生米饭等柔软的粒料，特别喜食面条。饲喂时最好将米饭拌水喂，雏鸭对此采食兴趣浓，吃得也多。雏鸭的开食应在出壳后 12 小时内进行。一般只用米饭喂雏鸭 3 天，4 天起应将配合饲料与米饭混合成湿粉料饲喂；10 天后不再用米饭，全部改喂配合饲料；用颗粒饲料饲喂时，1 周龄用碎屑饲料，2～3 周龄要用 2.5 毫米的颗粒饲料，4 周龄后用 5 毫米的颗粒料。番鸭食性广杂，能采食多种植物性和动物性饲料，尤其喜食动物性饲料，常常暴食，应注意适当控制饲喂，特别是晚餐最好不喂动物性饲料，以免采食过量致消化不良，影响第 2 天食欲。

(9)**运用好控饲技术。**优良番鸭品种在正常饲喂下，8 周龄公鸭体重可达 3 千克左右、母鸭 2 千克左右，每千克体重耗料在 2.8～3 千克，此时屠宰率低，屠体品质不佳。番鸭胸肌的增长在 8～12 周龄。番鸭适宜的屠宰期是：母鸭 10 周龄、公鸭 11 周龄，若延长饲养将不断降低饲料报酬，增加饲料成本。番鸭控饲方法是：公鸭从 7～8 周龄、母鸭从 6～7 周龄开始,按自由采食量的95%喂饲,即减少5%饲料,但不会影响生长,相反料肉比还可提高5%～10%,同时要降低光照强度,这是一种有效的轻度控饲法。

(10)注意事项。

①出壳后的处理。刚出壳的雏番鸭,待毛干后拣出,尽快地转入育雏室,要求毛干一批转一批,尽量缩短逗留在摊床上的时间,使早出壳的雏番鸭及时饮水开食,以促进其生长发育。雏番鸭如要运到外地,则应出壳后即起运,因为刚出壳的雏番鸭体内未吸收尽的卵黄可满足雏番鸭短期内的营养需要。

②雏番鸭的运输。运输途中要提供适宜的温度和通气环境,以减小运输对雏番鸭的应激,装雏番鸭及运输的工具,在使用前要用福尔马林熏蒸消毒。运输途中要随时观看雏番鸭的状况,检查温度是否适宜,观察呼吸是否正常,重点查看中间位置的雏番鸭盒,防止由于温度过高或氧气不足而出现闷死现象。

③雏番鸭初饮。雏番鸭的初次饮水,水温一般以20～25℃为宜。饮水中添加5%的葡萄糖,1克/升电解质,1克/升维生素E,以及防止细菌性疾病的抗生素药物,连用3天。每天至少用干净水清洗饮水器1次,确保饮水器内随时都有清洁的饮用水。

④雏番鸭的饲喂。第1次供水2小时后开食。1～5天采用小鸭破碎料,以后改为种鸭细颗粒料(直径2～3毫米),将饲料均匀撒在料盘上,要少量多餐,少给勤添,头2周自由采食,第3周每天喂3次,第4周每天喂2次,确保小鸭在睡觉前吃饱喝足。

⑤适时分群。雏番鸭进入育雏室后，管理人员要认真仔细地观察鸭群状况，根据观察到的情况进行相应处理，使雏番鸭尽快适应新的环境。观察的内容包括：活动情况、呼吸情况、消化情况、脱水程度、伤残情况、鸭群分布、饮水量及采食量等，挑选出伤残及弱小雏鸭，精心饲养，待恢复后放回鸭群。可根据出雏时间、体重大小、体质强弱分群，一般按强雏、一般雏、弱雏分3类。要把弱雏群安置在室内温度较高、接近热源的地方。也可以把弱雏放在室内特制的摊床上，使温度接近孵化后期的温度，使腹内卵黄还没有吸收完的“大肚脐”鸭继续吸收卵黄，提高雏番鸭成活率。

⑥断趾。断趾的目的在于防止番鸭之间互相打斗或交配时互相抓伤，番鸭断趾一般在12天左右进行。操作时，手术者左手抓鸭，右手拿剪刀，将2只脚的指甲剪掉。要注意在断趾前2天，每千克水中加2毫克维生素K，断趾前1天在饮水中加电解质，断趾后要连喂2～3天。断趾前铺上柔软的垫料，检查鸭群是否有咳嗽、病弱、死亡、采食量下降等不宜断趾的异常情况。断趾过程中要禁止穿堂风。断趾后要立即饲喂，观察鸭群的状况，挑出弱者安置在专用鸭舍内，淘汰无法康复者。在断趾后24～48小时内要加强保温。

⑦断喙。断喙的目的在于防止啄癖，避免鸭群的骚乱不宁，减少饲料浪费。番鸭断喙一般在第3周内进行，操作时，助手左手抓住鸭翅膀，右手托鸭胸部，手术者左手食指伸进鸭嘴并压住鸭舌，左手大拇指轻压在鸭头顶上，右手持经过清洗消毒的剪刀一次性断掉鸭上喙的1/2喙豆，即完成断喙操作。也可用专用断喙器断喙。注意，断喙前2天至断喙后3天宜在饮水中添加维生素K和电解质。

⑧切除翅尖骨。为防止番鸭飞翔，在番鸭 2 或 3 日龄时可将翅末端骨节切除，使其身体失去平衡难以离地高飞。

⑨勤换垫草，保持窝内干燥。番鸭有爱清洁、爱干燥的习性，不愿在潮湿肮脏的圈中生活。每天傍晚都要在圈内铺上干净的垫草，保持窝内干燥。

105. 如何做好番鸭育成期的饲养管理工作？

从第 5 周至第 24 周称为番鸭的育成期，育成期长达 20 周，是饲养番鸭种鸭的关键时间，育成期的好坏直接影响到种鸭的产蛋性能及种蛋的受精率。育成期的工作重点是控制种鸭的体重，使其按照番鸭的生长曲线健康成长，防止过肥或过瘦，并保持鸭群的良好均匀度。

(1) 育成期番鸭的生理特点。育成期的番鸭仍处于生长迅速、发育旺盛的时期，尤其是各类器官发育逐渐完成，机能逐步健全，骨骼、肌肉增长最多。但体重增长速度随日龄增加而逐渐下降，脂肪沉积增多，易引起过肥，对以后产蛋性能有很大影响，育成期的中、后期生殖系统开始发育至性成熟，要正确处理好“促”和“抑”的关系。

(2) 育成期的营养需要。育成番鸭营养需要较低，5～12 周龄的育成番鸭其日粮中蛋白质为 15%，代谢能为 11.3 兆焦/千克；13 周龄至初产期日粮蛋白质为 13%，代谢能为 11.1 兆焦/千克。日粮中要增加粗饲料和青料，维生素和矿物质也应满足育成鸭的需要。钙、磷比例要合理，通常钙与有效磷之比以(1.5～2)∶1 为宜。

(3) 育成期的饲养。育成番鸭要发育良好，健康无病，体重符合本品种标准，脂肪沉积少而肌肉多，骨骼坚实，整个鸭群均匀一致。体重一致的鸭群，一般性成熟期也较一致。根据这一阶段的育成番鸭的生理特点，如果自由采食，其体内脂肪沉积过多，大大降低其种用性能。因此，限制饲养能有效地控制番鸭的体重，适时性成熟，延长种用期，节省饲料，降低成本，提高经济效益。育成番鸭营养需要较低，6～12周龄的育成番鸭日粮中蛋白质为15%，代谢能为11.3兆焦/千克，13～22周龄时，其日粮蛋白质为13%，代谢能为11.1兆焦/千克。日粮中要增加粗饲料和青料，维生素和矿物质也应满足育成番鸭的需要。钙、磷比例要合理，通常钙与有效磷之比以(1.5～2)∶1为宜。常用的限饲方法有以下两种。

①低营养日粮法。一种是用低能量日粮饲喂后备育成番鸭，一般从8周龄开始到18周龄止，所喂给的日粮中农副产品占50%左右，饲料的代谢能含量为9.62～10.04兆焦/千克，蛋白质为14%左右，每只后备育成番鸭平均日喂给140～150克。另一种是用低蛋白质日粮进行限制饲养，日粮中能量可稍高些，约为10.88兆焦/千克，但蛋白质含量可以降到8%～10%。

②限制饲喂量法。即按培育后备育成番鸭的正常日粮的70%供给，但必须有足够的槽位，使所有的后备鸭都能同时吃料，以保证采食量一致，达到限饲目的。限制饲喂时，将一天的饲料量一次性投给，饲养员在场注意观察是否每只鸭子都能吃到相应的饲料。定量的变化应该是逐渐变化的。

(4)育成期的管理。育成期管理的工作重点是控制种鸭的体重，使其按照番鸭的生长曲线健康成长，防止过肥或过瘦，并保持鸭群的良好均匀度。

①分栏饲养。每栏饲养200只左右，15周龄内公母鸭要分开饲养，从第15周开始按公母1∶(4～5)的比例进行混群饲养。

②定时断喙。发生啄羽时，宜采取综合防制措施，立即全群断喙，隔离啄羽番鸭，加强饲养管理，调整饲料配比，并在饲料中加入2%生石膏，加蛋氨酸0.1%，每天饮2%的盐水3～5小时，连续3～5天。

③选择合适的密度。一般每平方米鸭舍可养3～4只育成期种番鸭。禁止颜色完全一样但不同品系的种鸭相接触。设置坚实的隔离物，高度要求1米。挑选出全部弱小鸭，放入专用的鸭舍精心饲喂，待康复后放回鸭群。

④称重。从第5周开始，每周末每群随机抽5%～10%的鸭子称重，按照体重确定下周的投料量。

⑤光照要求。番鸭育成期光照只能减少不能增加，一般为8～10小时，光照强度为10勒克斯。

⑥选留合适比例的公母鸭。按1∶(4～5)公母比选留公番鸭和母番鸭。

106. 如何做好番鸭产蛋期的饲养管理工作？

(1)饲养技术要点。产蛋前应按种鸭的体形、体重的标准进行选留。一般开产前母番鸭体重2.5～3.0千克，同龄公鸭4.0～4.5千克，并按1∶(4～5)的公母比例将多余公番鸭淘汰。分群饲养，种鸭以200～300只为一群，饲养密度为每平方米3～4只。鸭舍要注意通风，运动场以大为好，且要有林荫野草。种番鸭在产蛋期对粗蛋白需要量较后备种番鸭高，日喂3次。

(2)管理技术要点。

①合理分群。番鸭圈养分群时，要做到品种一致、日龄一致、体重一致，防止强弱混群。

②圈养番鸭的四季管理。要根据四季气候变化，采取相应的管理措施。

春季，天气逐渐暖和，是母番鸭盛产期，各种微生物也易滋生繁殖，因此，这段时间要对圈舍进行一次彻底消毒，清理垫料，以减少疾病发生的机会。同时要喂以含蛋白质和能量较高的日粮，以保证母鸭群以最快速度进入高产期。春季产蛋率要达85%～90%。

夏季，主要任务是防暑降温，可在运动场上搭遮阳的凉棚，早晚多喂料，中午少喂，不断供给清洁的饮水。这个季节产蛋率要保持在75%～80%。另外，还应特别注意台风和雷阵雨对鸭群的袭击，一般台风前夕和台风过后鸭群产蛋率比正常下降30%～40%，需7～10天才能恢复；暴风骤雨对鸭群产量影响也很大，但2～3天就能恢复正常。

秋季，在9月中下旬产蛋率开始下降，产蛋率在30%左右时，可进行人工强制换羽，过1个月左右，番鸭群又开始产蛋，是全年中第2个产蛋期。只要日粮水平满足要求，这个季节产蛋率仍可保持在75%以上，直到翌年的1月份。

冬季，主要是防寒保温，番鸭相对比较怕冷，有阳光的天气，应让鸭群在运动场上活动；营养要保持适当，使鸭群过冬时不至于太过瘦弱，为春季产蛋打下良好基础。

③不同产蛋期的管理。产蛋初期和前期的重点是提高饲料质量，适当增加饲喂次数，尽快把产蛋率推向高峰。

产蛋中期保证高产稳产，要注意饲料营养浓度比上阶段有所提高，光照稳定略增加，日常操作程序固定，舍温10～30℃。

产蛋后期根据体重和产蛋率情况确定饲料的供给量，少量多次，促进运动，保持环境稳定，适当添加鱼肝油及无机盐添加剂。

④日常管理。周围环境中存在各种细菌，因此，我们要采取一系列措施防止病菌进入鸭舍，保护鸭群不受感染，舍外空地要干净平坦。各种污物污水粪便必须经排污系统排到指定地点，运送饲料的卡车要在专用的仓库卸车，料仓每3个月消毒1次。要保持生产区内绝对清洁，鸭舍内每次更换垫料后地面要打扫干净。转群后，鸭舍要消毒1次，进入场区的车辆需在有消毒剂的消毒池中消毒，每周对场区道路清洗消毒1次。管理鸭群遵循先雏鸭后成鸭最后处理病鸭的顺序。定期除尘，垫料要保持干燥。每两周用碘液对供水系统管道消毒1次，饮用水也要消毒。不能把蛋堆放在潮湿高温环境中，每天清理脏蛋，不要让其经过贮蛋区通道口，死鸭应及时焚烧处理。鸭场内不得饲养其他家禽，防止其他野生动物进入鸭场，特别是老鼠。

107. 如何做好番鸭换羽期的饲养管理工作?

成功的换羽是提高番鸭产蛋量的有效措施，当番鸭产蛋高峰过后产蛋率下降到50%以下时需要进行强制换羽。

(1)饲喂。一般在第1个产蛋期将要结束时，即50～53周龄时进行强制换羽，公母分开饲养。先停料(冬季停2～4

天，夏季停 4～6 天），但不限饮水。停料结束后，改喂换羽期饲料，每千克饲料代谢能 11.3 兆焦，粗蛋白质 12%、钙 1.4%、磷 0.45%。在 60～63 周龄时喂产蛋期饲料，喂料量逐渐增加，到 65 周龄时达公母平均日喂 180 克，此后逐步过渡到自由采食。

（2）光照。在实施强制换羽 1 周后，将光照时间逐渐减至每天 8 小时（长日照季节，可将门、窗用 2 层黑布帘遮挡，9：00 将黑布帘卷起，17：00 将黑布帘放下）。强制换羽进行到 9 周时逐渐增加光照时间，直至增加到 16 周时的每天 16 小时，维持到第 2 个产蛋期结束。光照强度也随着光照时间的增加而逐渐增加到每平方米 5～6 瓦灯泡。

（3）公母合群。当执行强制换羽的第 6 周时，按公母配比 1∶7 再合群饲养。

108. 如何防止番鸭抱窝？

（1）抱窝的判断。抱窝是母番鸭的一种生理特性，在临床上表现为停止产蛋，生殖系统退化，骨盆闭合，形成孵化板，鸣叫，在产蛋箱内滞留时间延长，占窝，采食减少，羽毛变样。鉴别抱窝的标准是在产蛋箱滞留时间长，在产蛋箱中出现争斗现象。确定番鸭抱窝最佳时机应该在下午 3：00～4：00，易形成抱窝的条件有饲养密度过大，产蛋箱太小，光照分布不均匀或较弱，温度不适，采食不足，拣蛋不及时等。开始出现抱窝的时间一般是第 1 个产蛋期的 3～9 周，第 2 个产蛋期的 4～5 周。出现首批抱窝鸭 1 周后（抱窝率 2%～10%），抱窝率平均以 3 倍速率增加，整群食量减少 10%左右。

(2)解除抱窝的方法。目前最有效的方法是定期转换鸭舍，第1次换舍是在首批抱窝鸭出现的那周（或之后）。在夏季，产蛋群的2次换舍的间隔平均为10～12天，春秋季则为16～18天，换舍必须在傍晚进行，把产蛋箱打扫干净，重新垫料，扫除料盘内的料粉。加强饲养管理，尽量消除引起抱窝的不利条件。

109. 如何进行番鸭育肥？

育肥是使已长好骨架的肉用仔鸭在较短的时期内迅速长肉，使屠体肉质鲜嫩，既提高屠宰率和出肉率，又提高商品等级。经育肥后的鸭可选为出口和制作板鸭、烤鸭的上等材料。育肥期主要饲喂高能量的碳水化合物饲料，如玉米、高粱、小麦、大麦等，其中以玉米育肥性能最好。育肥方法有自由采食和人工填喂2种。

(1)自由采食法。分为放牧育肥和圈养育肥2种。

①放牧育肥。苏北里下河和长江两岸产鸭区采用较多，与农作物收获季节紧密结合，一年有2个放牧育肥期，即夏收夏种时期和秋收秋种时期。事先估算这2个时期作物的收获季节，把鸭养到40～50日龄，体重达到1.5～2.0千克，在作物收割时期，便可放到茬田内充分采食落地的谷粒和小虫，经15～20天放牧，体重达2.5千克左右，即可出售。

②圈养育肥。这种方法是肉用仔鸭较普遍的育肥方法。番鸭养在舍内较暗的封闭舍内，保证空气流通。育肥舍内要保持环境安静，适当限制鸭的活动，供应配合饲料，粉料可制成丸子倒入饲料槽内，任其自由采食，这样采食时间短，进食

量大，催肥效果明显。

(2)人工填肥法。分手工填饲和机器填饲2种。

①手工填饲。在饲养中加适量开水搅匀，使其硬度如面糕，用手搓成粗1.5～2厘米、长4～6厘米、重约25克的饲料圆条。填饲时，先用两腿夹住鸭体下部，左手的大拇指和食指捏住鸭的上颚，使鸭嘴张开，右手取食团，沾水后从上颚的左侧压入口中，再用食指或中指将食团向左推入食道膨大部.每天填喂2次或3次，初期每次填喂3～4个食团，以后逐步增加，填饱为度。这种传统的填鸭法，育肥质量高，但工作量大，劳动效率低。

②机器填饲。填鸭机分为电动和手压式2种。填喂前先将调好的饲料装入填鸭机的贮料槽里，启动电动机或手压把柄，检查出料口出料量是否符合要求，如果符合即可使用。左手提鸭子头部，掌心靠着鸭的后脑，用食指和拇指打开鸭嘴，中指伸进嘴内压住鸭舌，将鸭嘴送向填饲胶管，让胶管准确地插入食道膨大部，同时，用右手托住鸭的颈胸接合部，将鸭体放平，使鸭体和胶管在同一条轴线上，这样，才不至于损伤食道。插好管道后，放松开关，将胶管从鸭嘴中退出，把鸭放回舍里休息、饮水、每天填喂3～4次，每次的填饲量约为鸭体重的1/2，以后每天填饲量可增加30～50克湿料，1周后，每次可填300～500克。

填饲量应根据季节、湿度、鸭的消化情况灵活掌握。填饲时应注意观察，发现嗉囊内有未消化的积食，应少填或不填，以防消化不良。

填鸭饲养管理的重点在于使填鸭加速增重，缩短填肥期，降低耗料量，减少残鸭。由于填鸭长膘迅速，生理机能处在特殊状态，管理工作应细致周到。保证填鸭有充足的饮水，在鸭舍和运动场应放置水盆，做到清水不断，能随时满足鸭群的需要。搞好鸭舍的清洁卫生，保持干燥。要保持环境的安静，以防惊动鸭群，影响消化和增重。填鸭体重大，行动笨，赶鸭要慢，不能粗暴，道路及运动场要平整，防止摔伤。要做好防暑降温工作，气温在 16～24℃之间最适合填鸭生长。由于填鸭皮下沉积脂肪，使体热不易散发，所以填鸭要注意防热。每天应有一定的洗浴时间，这样可促进鸭体新陈代谢，减少高温期填鸭的死亡率。要适时出售，填鸭 10 多天后要及时查看鸭的膘，大部分鸭膘肥肉满时应及时出售，以便获得最佳的经济效益。

110. 什么是稻鸭共育的养鸭技术？

稻鸭共育技术是目前我国及亚洲水稻主要生产国家正在大力组织推广的一项优质高效农业技术。这项技术由于具有降低水稻种植和养鸭生产成本、提高大米和鸭产品品质、减少农药和化肥使用带来的环境污染等优点而受到了国内外广泛重视。稻鸭共育鸭在稻田为水稻除草、除虫、浑水、施肥、刺激水稻生长，稻田为鸭提供了放牧场所和食物饵料，二者互为依存，相得益彰。根据国内大面积实践，实施稻鸭共育每亩水田可增收节支 120～140 元，此外养鸭可节约 30%左右的饲料，育成一只鸭可获纯利 3 元左右。鉴于稻鸭共育的经济效益和社会效益显著，这项技术在我国及亚洲大有燎原之势。2004 年全国推广稻鸭共育面积 200 万亩以上。湖北省 2004 年有 11 个县市重点示范推广，推广面积近 20 万亩，今年全省 24

个县市示范推广,推广面积 100 万亩以上。在我国南方地区,既是传统的水稻主产区,同时也是传统的养鸭主产区,大力推广稻鸭共育技术,不仅对生态农业发展具有重要意义,而且对于推动养鸭业发展也将起到重要作用。稻鸭共育涉及水稻种植和养鸭生产两大技术环节,作为稻鸭共育的养鸭生产,既有一般养鸭生产的特点,也有与其不同之处。为了推动稻鸭共育技术的深入开展,现就稻鸭共育的养鸭生产技术作以概述,以期达到抛砖引玉之效果。

(1)鸭的品种选择。稻鸭共育的鸭品种选择要考虑的因素,一是鸭的个体较小,适宜在稻田秧行中穿行,且行动敏捷,除虫、除草、浑水效果好,同时要求鸭的耐水性强,能长时间在稻田中活动。二是鸭产品上市的经济性,即饲养日龄、上市体重等。市场上体重达 1.5 千克以上、饲养期 3 月龄以上的麻鸭售价高(作肉鸭可以煨汤,作蛋鸭可即将开产)。

稻鸭共育一个批次结束后的鸭,作为产蛋用鸭则宜选择个体相对较小的高产蛋鸭,这种鸭各地均有收购市场,由蛋鸭生产者购买用作产蛋。这种青年蛋鸭一般要求饲养期 95 天左右,两翅主翼羽交叉即将开产,其价格一般收购价 18 元一只,其售价高于相同体重的麻羽肉鸭。作为肉鸭上市,则宜选择个体相对较大的肉鸭兼用品种或肉鸭兼用种与蛋鸭、野鸭杂交的后代,70～80 日龄体重达到 1.5 千克以上,适合民间传统加工用。达此体重的鸭,肌间和肌内脂肪有一定沉积,鸭的口味优于快速肉鸭,肉鸭屠宰厂和活鸭市场大批收购,产品不愁销。

鉴于上述因素,稻鸭共育的鸭种选择,蛋鸭品种推荐饲养绍兴鸭及其配套系(江南一号、江南二号、白壳一号、青壳二号)、金定鸭、苏邮二号鸭、缙云麻鸭、荆江麻鸭等,这类蛋鸭年产蛋平均300枚左右,平均蛋重68～70克,也较适合再制蛋加工需要。肉鸭推荐饲养肉蛋兼用品种中个体相对较小的沔阳麻鸭,或以高邮鸭等体型较大的地方肉蛋兼用品种公鸭与高产蛋鸭母鸭杂交,生产既适合稻田养鸭又适合市场俏销的优质麻羽肉鸭。在日本稻鸭共育的鸭种叫“合鸭”,即家鸭与野鸭杂交的鸭,这种鸭役用性能和耐水性好于家鸭,是稻鸭共育的专用鸭种。此外,国内镇江也开展了稻鸭共育的役鸭培育,其方法也是用野鸭的公鸭与蛋鸭母鸭杂交,培育出专供稻鸭共育的役鸭一号、役鸭二号,据报道鸭的耐水性达25小时。这种专用役鸭作为肉鸭,鸭的风味好于家鸭。湖北省在推广中,也有利用纯种野鸭进行稻鸭共育,除草、除虫效果较好,只是稻鸭共育结束后,鸭的体重偏小,仅1千克左右,但通过半月圈养,体重可达1千克以上,因售价高,只平均可获4～5元收入。

(2)稻鸭共育的养鸭设施。稻鸭共育的养鸭设施因农户多、相对分散,多采取因陋就简的进行。

饲养数量较多时,可在田边选一地势高燥的地方修建鸭舍,鸭舍地面应高出农田20厘米以上。鸭舍坐北朝南。推荐搭建塑料大棚鸭舍,棚宽4米左右,棚高1.8米左右,棚长根据养鸭数量而定。用毛竹做大棚屋架,内层铺无滴塑料膜,中间夹10公分厚稻草保温隔热,外层再铺一层塑料膜防水并固定稻草。大棚两侧的塑料膜可放下和收起,以利于鸭舍通风和保温。按每平方养鸭7～8只(育成及产蛋鸭)决定鸭舍面积。运动场朝向稻田,向稻田倾斜15度,以利排水,并在运动场上搭建1.8米高的防晒网。运动场按每平方养鸭3只圈围。为防止鸭舍潮湿，鸭舍可铺竹板网。

饲养数量较少时，可制作简易鸭棚放置在田边。移动式鸭棚一般高 1.5 米左右，根据饲养只数确定鸭棚面积，用木条或竹条钉制，条宽 2.5～3 公分，缝隙间隔 1～1.5 公分，底网离地面 20～25 公分。棚的长宽之比 1∶(0.7～0.8)。也可用水泥瓦 6～8 块搭建鸭棚。棚一端高 1.5 米，一端低 0.7 米，高端面向田埂或路边以便管理及观察鸭群，棚顶盖稻草隔热，棚四周用小孔径尼龙网围好，以防鸭逃跑和天敌进入鸭棚。

(3)养鸭与水稻生产配套处理。

①种蛋入孵与下谷种。通常在水稻育秧的同时入孵种蛋，使秧苗插后返青鸭也能及时下水入田。鸭与秧龄和日龄相同或鸭龄稍大于秧龄，秧龄一般不应大于鸭龄，否则秧高鸭小，除虫、除草效果不理想。

②鸭的下田时间。外界气温高时雏鸭一周龄后可进入稻田，气温低时可 12～15 日龄入田。对秧苗而言，移栽 12 天、抛秧 15 天后适宜鸭进入稻田。育成鸭及成鸭在秧苗移栽 18～20 天后可将鸭群放入稻田，过早易损坏秧苗。

③每亩养鸭数量。根据除虫、除草及稻田饵料，每亩稻田配套养鸭 12 只左右。如稻田放养绿萍，每亩可养鸭 15～18 只。

④单元田块大小。根据鸭在田间觅食的活动范围及除草、除虫效果，每块田养鸭规模不宜太多，以 5～10 亩一块围成一个单元较适宜，每群鸭数量以 100 只左右为宜。鸭群过大，对秧苗生长不利，往往靠鸭舍处有 5 米^2 左右秧苗难以生长。

⑤稻田围网。确定养鸭的田块，每亩按 2.5 千克尼龙网

在田边围 80 公分高的围网，以防鸭逃跑和天敌进入稻田，围网的网孔以不大于 2 厘米×2 厘米为好。每隔 1.5～2 米插一支杆固定围网，有条件还可在尼龙网外设三条脉冲电线，防止天敌进入稻田危害雏鸭。

⑥鸭棚设置。在田边通风较好、地势较高、水源便利的地方搭建鸭棚或放置移动式鸭棚（盛夏可放置在树荫下），供鸭休息与补饲。

⑦稻田丰产沟。鸭棚周围没有水的地方，可考虑留丰产沟，沟宽 35 公分，深 30 公分，并经常保持有水，以利鸭群嬉水，如田边有水沟或水塘鸭可随意进入，则不需另开丰产沟。

⑧秧苗行株距。水稻宜宽行窄距栽培。行距 8 寸，株距 6 寸，亩栽 1.25 万株，6 万～7 万株基本苗，以利鸭在稻田穿行觅食，水稻亩产可达 550 千克。如为抛秧，秧苗抛的数量适当多点，弥补鸭在田中觅食毁坏部分秧苗。

⑨稻田浑水中耕。稻田保持水深 5～10 公分，以利鸭在田中浑水中耕，促进水稻增产。为利于浑水，稻田应鸭小水浅，鸭大水深。晒田期间，鸭仍可在田间，但保持水沟及鸭舍附近水塘有水即可。

⑩稻田放养绿萍。绿萍具有固氮的能力，同时可为鸭提供更为充足的饲料，对鸭和水稻的生长发育均有好处。通常在水稻返青后稻田放养绿萍。研究证明，不放绿萍的鸭在田间 1 个批次 2 个月一只鸭产粪 10 千克，而放了绿萍的稻田的鸭可产粪 30 千克。放养绿萍可使稻田得到更多的肥料。

(4)稻田放鸭管理。

①入田时间。稻田养鸭需注意下田时间，雏鸭孵出 20 天，体重 100 克以上，水稻抛秧 15 天，移栽 12 天以上，可放入

大田。成年鸭应适当推迟 2～3 天下田。

②放养密度。大鸭为每亩 15 羽左右，幼鸭可根据情况适当增加。

③采食训练。鸭在育雏期间没有放牧的习惯，下田前的应进行采食训练。稻田放鸭，主要采食稻田里的杂草、昆虫和水生动物等食物。先调教采食落地谷子后，将谷子撒入浅水中，让鸭去啄食，多次后形成条件反射，此后放入稻田会主动寻找食物。

④补饲情况。每天每只鸭用 50～100 克稻谷、玉米、饲草等饲料补饲，注意定时，定点饲喂，就注意视情况增减饲喂量，不可过足或过少。杜绝用发霉、发臭的饲料及发臭、生蛆的动物性饲料喂养。

⑤合理安排放牧时间。根据气温和水温确定放牧时间。稻田放牧，通风程度不如江河、池塘，因水浅，易被晒热，气温超过 30℃时，不宜下田放鸭。特别在炎热的夏季，应在上午 9：00 前和下午凉爽的时候进行。

适当轮流放牧。同一片稻田不宜多次重复放牧，适当休闲几天再放。稻田不同生长期和收获期，最好进行搭配。

水稻收割后，田中有大量遗粒，这时可集中放牧。

⑥夏天对鸭的防暑降温。稻鸭共栖，放鸭有很长一段时间在炎热的夏天，因此，鸭舍在防止鼠害的基础上，保持鸭舍通风，并设置一些遮阳树枝或小凉棚。丰产沟应满水，让鸭多嬉水，起到防暑降温的作用。

⑦结合治虫进行放鸭。先摸清虫情，如虫害较重时，减少饲料，让鸭处于半饥饿状态，大量采食害虫，充分发挥防治害虫的目的。

⑧喷药时的防护。水稻喷药前,把鸭子引诱在鸭舍圈住。

⑨后期管理。水稻乳熟期收鸭,以防鸭吃稻穗。为方便收鸭,平时喂养时就训练鸭子听到某种声音会聚拢的习惯。收回的鸭子可圈于家中或围于田间舍内。

十、鸭养殖场防疫及环境污染的预防控制

111.怎样进行鸭的产地检疫与临床健康检查?

产地检疫是指动物、动物产品出售或调运,离开饲养生产场之前,由动物检疫员到场到户或到指定地点的检疫。是防止染疫动物及其产品进入流通环节的关键措施,也是把疫病消灭在产地的最小范围内、最大限度降低危害的关键措施。

(1)疫情调查。了解当地疫情,确定动物是否来自疫区。

(2)查验免疫证明。检查按国家或地方规定必须强制预防接种的项目,动物必须处在免疫有效期内。

(3)临床健康检查。

①鸭的群体检查。

静态:检查精神状况、外貌、营养、立卧姿势、呼吸、羽、冠、髯。

动态:检查运动时头、颈、腰、背、四肢的运动状态。

食态:检查饮食、咀嚼、吞咽时反应状态。同时应检查排便时姿势,粪尿的质度、颜色、含混物、气味。

②鸭的个体检查。个体检查包括群体检查时发现的异常个体或抽样检查(5%～20%)的个体。

视诊:检查精神外貌、营养状态、起卧运动姿势以及皮肤、被毛、羽毛、冠、髯、呼吸、可视黏膜、天然孔、粪、尿等。

触诊：触摸皮肤（耳根）温度、弹性，胸廓、腹部敏感性，体表淋巴结的大小、形状、硬度、活动性、敏感性等，嗉囊内容物性状。必要时进行直肠检查。

叩诊：叩诊心、肺、胃、肠、肝区的音响、位置和界限，胸、腹部敏感程度。

听诊：听叫声、心音、肺泡气管呼吸音、胃肠蠕动音等。

检查体温、脉搏、呼吸数。检查渗出物、漏出物、分泌物、病理性产物的颜色、质度、气味等。

112. 鸭场综合防疫措施有哪些？

鸭病的防治，首先应从提高鸭的机体抗病力着手，其次，应采取可行的综合措施来避免或切断致病病原侵害机体，如消除或切断造成传染病流行的3个环节的相互联系。综合防治措施包括“养、防、检、治”4项基本内容，基本原则是“预防为主、防治结合、防重于治”。综合性防疫措施又可分为平时的预防措施和发生疫病时的扑灭措施2个方面。

(1)加强饲养管理，切断传染病流行环节。

①选好雏鸭，精心育雏，适时开食和饮水。养鸭的关键是选择优质健壮的鸭苗。精心育雏要做到：第1天饮5%糖水、3%维生素B水和2 000单位庆大霉素水；第2天饮0.02%高锰酸钾水；3～6日龄再饮5%糖水、3%维生素B水及2 000单位庆大霉素水。适时饮水和开食时间应在出壳后24小时。开食过早，雏鸭身体软弱，采食能力差，收不到开食的效果；开食过迟，不能及时补充所需的养分，使雏鸭体内养分消耗过多，过分疲劳，降低了胃肠的消化吸收能力，即成为“老口”雏

鸭，比较难养。

②执行“全进全出”的饲养制度。不同日龄的鸭有不同易感或易发的疾病，如果一栋鸭舍内饲养着不同日龄的鸭，则日龄较大的患病鸭或已病愈的鸭可能带菌或带病毒，易传染给易感的小鸭，使疾病长期传播，造成经济损失。采用“全进全出”制则可避免这种情况的发生，提高鸭的成活率。

③搞好卫生消毒、灭鼠和粪便处理工作。这是防止传播疾病的重要措施。平时鸭舍进口处设消毒池，鸭舍或鸭棚内可用百毒杀或二氧化氯进行消毒，杀灭空气、鸭体表、网具、地面、墙壁等处的病原体。鼠类是多种疾病的宿主和传播者，养鸭场的鼠类已成为公害，因此应将消毒、灭鼠作为养鸭场或养鸭户的经常性工作。粪便要经发酵或做其他无害化处理。

④坚持自繁自养原则，防止由外场或外地引入病鸭。许多养鸭场都有过此类经验教训，如购入雏鸭而将鸭病毒性肝炎传入，购入种鸭而将鸭霍乱带入场内。因此，如果必须从外地或外场购入鸭时，一定要经兽医人员检疫，千万不要从发病场或发病群或刚刚病愈的鸭群引入。引入后应先隔离观察饲养，不要混群。隔离观察至少 20 天，经检查确认无任何传染病或寄生虫病时，方可入群。严禁将参加过展览及送往集市或屠宰场不合格的鸭子运回本场混入鸭群。鸭场应及时处理病鸭和死鸭，即深埋或焚烧或煮沸处理，严禁食用，尤其是要严禁饲养员或场内工作人员食用，以免扩散传染。

⑤定期预防接种。对已有市售疫苗或本地区已有的鸭传染病要定期预防接种，如鸭瘟、鸭流感、鸭肝炎和鸭霍乱等，不要存在侥幸心理。

⑥防止与野生水禽直接或间接接触。野生水禽也是某些

传染病和寄生虫病(如鸭瘟、鸭球虫病、禽流感等)的宿主和传播者。由于户外饲养家鸭,残留的饲料和户外饲槽常可招引野生水禽光顾,而与家鸭发生密切的接触,污染饲料与水源,导致疾病传播。

⑦防止蛋媒疾病。所谓蛋媒疾病是指感染母鸭通过受精蛋传给新孵出后代的疾病。有 2 种情况:一是病原体在蛋壳和壳膜形成前感染卵巢滤泡(卵巢传递),在蛋的形成过程中进入鸭蛋,而由鸭蛋内部携带,如沙门氏杆菌等;二是鸭蛋在产出时或产下后因环境卫生差,病原体污染蛋壳进入蛋内,如一般肠道菌,特别是沙门氏杆菌和大肠杆菌,在孵化过程中可能造成死胚,但多数污染的蛋经孵化后,形成弱雏或带菌雏。因此,预防蛋媒疾病是提高雏鸭成活率的重要措施。

(2)发生疾病时的扑灭措施。

①及时发现疫情,并尽快确诊。鸭群中出现传染病的早期症状多为精神沉郁,缩颈,喜卧,眼鼻有分泌物,减食或不食,产蛋量急剧下降。此时应迅速将可疑病鸭隔离观察,并将死亡鸭送往兽医部门检验,以便及早做出诊断,采取防治措施。早期诊断,能及时采取针对性强的有效治疗措施,把鸭场的损失降到最低。

②消除病原或切断传播途径。隔离病鸭,污染的场地和鸭舍进行紧急消毒;严禁无关人员串圈,以免传播扩散;停止向病群引进或出售活鸭,确诊后再根据具体情况处理;病死鸭深埋或焚烧,粪便要发酵处理,垫草要焚烧或集中堆肥发酵;根据确诊的疾病,选用专用疫苗进行紧急预防接种,对病鸭进行合理的治疗。对慢性传染病鸭宜早淘汰。

(3)鸭场消毒。消毒剂主要用于畜禽体表、排泄物、饲养设备、用具、手术器械等的消毒。养鸭场(户)只有搞好消毒，才能减少或消灭场内的病原微生物，才能有效地防止传染病的发生或流行。因此，养鸭场要重视消毒，制定实施一整套严密的消毒方案。

消毒的方法：一是物理学消毒，利用阳光照射、干燥、火焰焚烧、煮沸、紫外线照射等杀死病原微生物。二是生物学消毒，将粪便、垃圾、垫草等污物堆积，使其通过微生物发酵产热，杀死无芽孢的细菌、寄生虫卵等。三是化学消毒，这是目前使用较广泛、效果较好的消毒方法。具体方法是将消毒剂配制成一定浓度的液体后，针对不同对象采用诸如喷洒、熏蒸、浸泡、洗刷等手段进行消毒。

(4)鸭群的免疫和药物的使用。在现代化集约化养鸭场，饲养数量大，相对密度较大，随时都有可能受到传染病的威胁，为了防患于未然，在平时就要有计划地对健康鸭群进行免疫接种。搞好免疫接种是养鸭场兽医工作的一项重要内容。

主要传染病的免疫程序：对鸭群来讲，目前需要接种疫苗的传染病主要有鸭瘟、鸭流感、鸭病毒性肝炎、鸭大肠杆菌病、鸭霍乱、鸭传染性浆膜炎。

鸭瘟的免疫程序：蛋鸭在 20 日龄进行首免，每只鸭经肌肉注射鸭瘟鸭胚化弱毒苗 0.5 毫升，2 个月后加强免疫 1 次，60 日龄以上鸭每只肌肉注射 1 毫升，免疫期为 6 个月。

鸭流感的免疫程序：1 周龄以前，颈部皮下注射 H5 亚型禽流感油佐剂疫苗 0.5 毫升，在育雏和育成阶段需进行多次免疫，鸭群经免疫后，每隔 30 天左右采集一定量血清样品检测其血凝效价，根据抗体效价决定再次免疫的时间和次数，蛋鸭和种鸭开产前要进行加强免疫，在产蛋高峰之后，可再行加强免疫。

鸭病毒性肝炎的免疫程序:①成年种鸭开产前皮下注射鸭肝炎鸭胚化弱毒苗2次,每次1毫升,间隔2周。利用这种免疫蛋孵出的雏鸭,一般可以度过易感期,免遭鸭肝炎的危害。②用鸭病毒性肝炎弱毒苗直接免疫雏鸭。对无母源抗体的雏鸭,应在1日龄做颈背部皮下免疫接种。

鸭传染性浆膜炎免疫程序:用鸭传染性浆膜炎油乳剂灭活苗经颈背部皮下接种8日龄雏鸭1毫升。

鸭霍乱免疫程序:禽霍乱731弱毒苗,接种2月龄以上的鸭群,免疫期可达3.5个月;禽霍乱氢氧化铝胶苗,用于2月龄以上的鸭群,每只鸭肌肉注射2毫升,间隔10天再注射1次,免疫期为3个月;禽霍乱油乳剂灭活苗,用于2月龄以上的鸭群,每只鸭皮下注射1毫升,免疫期为2个月。

鸭大肠杆菌病免疫程序:选用常见的大肠杆菌血清型菌株,制成多价大肠杆菌油乳剂灭活苗,接种1周龄雏鸭1毫升,或根据本场的发病史,在发病前2周接种疫苗1毫升,可较好地预防该病的发生。

鸭群药物防治的注意事项:①根据鸭群的不同疾病,选择药物的种类和使用方法。最好使用经药敏试验测定的敏感药物。②混饲和混水给药时,必须将药物和饲料充分混匀,或使药物完全溶于水中,以防引起药物中毒和药量不足。③要防止细菌产生耐药性,要掌握抗生素和化学药物的适应症、剂量、疗程,还可将几种抗生素或磺胺类药物交替使用。④注意预防残毒。鸭只在屠宰前15～20天不宜使用药物,以免肉中残留。

113. 鸭舍消毒常用的消毒剂有哪些？如何使用？

(1)烧碱：又名氢氧化钠、苛性钠。本品对细菌、病毒有强大的杀灭力，但有腐蚀性，对皮肤、黏膜有刺激性，对金属、纤维织物有腐蚀作用。一般用于鸭舍、非金属器具、运输工具和门口消毒池脚踏消毒等，不宜用于金属制品消毒。常用浓度为2%～4%。

(2)石灰水：先用新鲜生石灰(氧化钙)1份加水1份，制成熟石灰(氢氧化钙)，然后用水配成的混悬液。其乳剂或澄清液均可杀灭细菌和病毒。可用于地面、沟渠、墙壁、消毒池、用具、车辆、粪便等的消毒。

(3)漂白粉：杀菌能力决定于其有效氯含量，市售漂白粉一般含有效氯25%～35%。易分解，应密闭保存。饮水消毒时，6～10克/米^3，搅匀后放置30分钟才可饮用。饲槽、饮水槽及其他非金属用具的消毒用1%～3%的浓度。禽舍和排泄物消毒用10%～20%的浓度。

(4)福尔马林：为含37%～40%甲醛的水溶液，有强杀菌力。可再配成2%～4%的水溶液对墙壁、地面、用具、饲槽等喷洒消毒。本品对皮肤和黏膜有刺激性，且有强烈的刺激性气味，操作时应注意安全。福尔马林主要用于禽舍、孵化器、种蛋等的熏蒸消毒。一般每立方米空间用福尔马林25毫升、高锰酸钾12.5克，再加水25毫升。

(5)复合酚(菌毒敌、农乐)：含酚41%～49%，醋酸22%～26%，为深红褐色黏稠液体，有臭味。为新型广谱高效消毒药，可杀灭细菌、真菌和病毒，对寄生虫卵也有杀灭作用。可用于禽舍、用具、污物的消毒，常用浓度为1%溶液，一次用药的药效可维持7天。

(6)高锰酸钾：为强氧化剂，1%浓度可杀死多数繁殖型细菌。因易氧化失效，应密封保存，现配现用。常以0.05%浓度用于皮肤、黏膜、创面和饮水的消毒；以0.01%～0.02%饮服可预防某些肠道传染病。熏蒸时利用高锰酸钾的氧化性能加速福尔马林蒸发。

(7)优氯净(二氯异氰尿酸钠)：含有效氯60%～64%。对细菌、病毒、真菌孢子、细菌芽孢都有较强的杀灭作用。饮水消毒时，剂量为4毫克/升，作用30分钟。用于杀灭器具上的细菌、病毒时用0.5%～1%浓度。用于杀灭细菌芽孢时用5%～10%浓度。

(8)新洁尔灭、洗必泰、消毒宁(度米芬)、消毒净：均为季铵盐类阳离子表面活性消毒剂。新洁尔灭为胶状液体，其余为粉剂，均易溶于水，毒性低，性质稳定可长期保存，无腐蚀性，杀菌力强，消毒对象广。忌与肥皂或碱类接触以免拮抗失效。1%浓度用于手、种蛋洗涤消毒。0.15%～2%浓度用于鸭舍喷雾消毒。

(9)百毒杀、杀百毒消毒液、必灭杀、爱康：均为同类产品，有效成分为双链季铵盐类，比一般单链季铵盐化合物的杀菌力强数倍。可迅速渗透入胞浆膜脂质体和蛋白质体，改变细菌膜的通透性而具有强大的杀菌力，对多种细菌、病毒、真菌均有良好杀菌作用。百毒杀有50%、10%两种浓度。50%百毒杀饮水消毒用50～100毫克/升，带鸭消毒用300毫克/升，鸭病发生时消毒用100～200毫克/升。10%百毒杀相应增加5倍用量。其他几种消毒剂因浓度有差异，可根据使用说明书应用。

(10)**球杀灵**:对球虫卵囊有强大的杀灭作用,可用于球虫病严重的养鸭场的鸭舍地面、墙壁消毒,彻底切断球虫传播途径。每袋药可消毒 100 $米^3$ 地面及周围 50 厘米以下的墙壁。先用袋内一号药溶于 30 升水中喷洒,再用袋内二号药溶于 30 升水中,喷洒一号药喷洒过的地方,两种药一起反应,出现红的颜色。消毒时应戴口罩、手套,并注意保护眼睛。

(11)**其他消毒药**:灭虫快杀虫剂、速安宁主要用于养鸭场杀灭苍蝇。卫康、强力消毒灵、爱迪伏、超好生等,可根据说明书选择使用。酒精、碘酒、紫药水、红汞水等可用于个别鸭的创伤消毒。

114.如何运输和保管各种疫苗?

疫苗的科学运输和保管,是保证免疫成功的重要环节之一,在运输和保管过程中应注意:

①避免高温和直射阳光,在夏季天气炎热时尤其重要。

②疫苗应低温保存和运输,但应注意不同种类的疫苗所需的最佳温度不同。例如,冻干苗、湿苗需要零至零下 20℃,如新城疫Ⅰ系疫苗。而油乳剂疫苗和铝胶剂疫苗则应避免冻结,最适温度为 2～8℃,如小鹅瘟油苗、禽流感油苗等。

③对疫苗应有专人保管,并造册登记,以免错乱。

④不同种类、不同血清型、不同毒株、不同有效期的疫苗应分开保存,先用有效期短的后用有效期长的,以避免疫苗过期失效。

⑤应经常检查电冰箱或冰库电源及温度,最好应有发电

机备用。如无条件可以先预冻一些冰块，待停电时将冰块与疫苗同置，以避免反复冻融。

⑥电冰箱或冷藏柜内如结霜（或冰）太厚时，应及时除霜，使冰箱达到确定的冷藏温度。

⑦保存期较长的和较重要的疫苗应与常用疫苗分开保存，并尽可能减少打开冰箱门的次数，尤其是天气炎热时更应注意。

⑧加强运输管理。疫苗运输时通常都达不到低温的要求。运输时间越长，活疫苗中的细菌或病毒死亡越多，如果中途再转运几次，其影响就会更大。因此运输疫苗时应尽可能缩短运输时间，提高菌（疫）苗的效力，同时要注意冷冻条件。

115.免疫接种时如何稀释疫苗？

①稀释疫苗之前应对使用的疫苗逐瓶检查，尤其是名称、有效期、剂量、封口是否严密、是否破损和吸湿等。

②对需要特殊稀释的疫苗，应用指定的稀释液。而其他的疫苗一般可用生理盐水或蒸馏水稀释。用于饮水的疫苗稀释剂，最好是用蒸馏水或去离子水，也可用洁净的深井水，但不能用自来水，因为自来水中的消毒剂会把疫苗杀灭。又如用于气雾的疫苗稀释剂，应该是用蒸馏水或去离子水，如果稀释水中含有盐，雾滴喷出后，由于水分蒸发，盐类浓度提高，会使疫苗灭活。如果能在饮水或气雾的稀释剂中加入0.1%的脱脂奶粉，会保护疫苗的活性。

③稀释液应是清凉的，这在天气炎热时尤应注意。

④稀释液的用量在计算和称量时均应细心和准确。

⑤稀释过程应避光、避风尘和无菌操作，尤其是注射用的疫苗应严格无菌操作。

⑥稀释过程中一般应分级进行，对疫苗瓶一般应用稀释液冲洗2～3次。

⑦稀释好的疫苗应尽快用完，尚未使用的疫苗也应放在冰箱或冰水桶中冷藏。

116. 鸭肌肉或皮下注射免疫时有哪些注意事项?

肌肉或皮下注射免疫接种的剂量准确、效果确实，但耗费劳力较多，应激较大，在操作中应注意以下几点。

①疫苗稀释液应是经消毒而无菌的，一般不要随便加入抗菌药物。

②疫苗的稀释和注射量应适当，量太小则操作时误差较大，量太大则操作麻烦，一般以0.2～1毫升/只为宜。

③使用连续注射器注射时，应经常核对注射器刻度容量和实际容量之间的误差，以免实际注射量偏差太大。

④注射器及针头用前均应消毒。接种部位也要严格消毒，用2%～5%碘酊棉球或用75%酒精棉球。接种弱毒疫苗时不能用碘酊消毒接种部位，一般用75%酒精棉球消毒，待干后再接种。

⑤皮下注射的部位一般选在颈部背侧、翼下或胸部，肌肉注射部位一般选在胸肌、翅膀根或大腿根部的肌肉丰满处。

⑥针头插入的方向和深度也应适当，以免刺入太深(常见于雏鸭)刺伤骨膜、血管、神经。在颈部皮下注射时，针头方向应向后向下，针头方向与颈部纵轴基本平行。对雏鸭的插入

深度为0.5～1厘米，日龄较大的鸭可为1～2厘米。胸部肌肉注射时，针头方向应与胸骨大致平行，插入深度在雏鸭为0.5～1厘米，日龄较大的鸭可为1～2厘米。

⑦在将疫苗液推入后，针头应慢慢拔出，以免疫苗液漏出。

⑧在注射过程中，应边注射边摇动疫苗瓶，力求疫苗的均匀。

⑨在接种过程中，应先注射健康群，再接种假定健康群，最后接种有病的鸭群。

⑩关于是否1只鸭1个针头及注射部位是否消毒的问题，可根据实际情况而定。但吸取疫苗的针头和注射鸭的针头则绝对应分开，尽量注意卫生以防止经免疫注射而引起疾病的传播或引起接种部位的局部感染。

117. 对鸭病害肉尸如何进行无害化处理？

(1)销毁。

①湿法化制：利用湿化机将整个尸体投入化制（熬制工业用油）。

②焚毁：将尸体或割除下来的病变部分和内脏投入焚化炉中烧毁炭化。

(2)化制。利用干化机，将原料分类，分别投入化制。或利用湿化机将整个尸体投入化制（熬制工业用油）。

(3)高温处理。

①高压蒸煮法：把肉尸切成重不超过2千克、厚不超过8厘米的肉块，放在密闭的高压锅内，在112 kPa压力下蒸煮

1.5～2.0 小时。

②一般煮沸法：将肉尸切成规定大小的肉块，放在普通锅内煮沸 2～2.5 小时(从水沸腾时算起)。

(4)病鸭产品的无害化处理。

①血液：一是漂白粉消毒法，将 1 份漂白粉加入 4 份血液中充分搅匀，放置 24 小时后于专设掩埋废弃物的地点掩埋；二是高温处理，将已凝固的血液切划成豆腐方块，放入沸水中烧煮，至血块深部呈黑红色并成蜂窝状时为止。

②皮毛：盐酸食盐溶液消毒法，用 2.5%盐酸溶液和 15%食盐水溶液等量混合，将皮张浸泡在此溶液中，并使液温保持在 30℃左右浸泡 40 小时，皮张消毒液之比为 1∶10(m/V)。浸泡后捞出沥干，放入 2%氢氧化钠溶液中，以中和皮张上的酸，再用水冲洗后晾干，也可按 100 毫升 25%食盐水溶液中加入盐酸 1 毫升配制消毒液。在室温 15℃条件下浸泡 48 小时，皮张与消毒液之比为 1∶4(m/V)。浸泡后捞出沥干。再放入 1%氢氧化钠溶液中浸泡，以中和皮张上的酸，再用水冲洗后晾干。

118. 鸭场使用兽药准则有哪些？

在养鸭生产实践中使用药品可分为预防性用药和治疗性用药。需要特别指出的是，不管是预防性用药还是治疗性用药都应注意以下几点。

①要购买正规厂家生产的合格药品。

②要按兽医的要求购买和使用药品。

③不要随意加大或减少用药量。有些鸭农错误地认为药

量越大越管用，这种做法不仅增加不必要的药费支出，还可能导致鸭群的药物中毒。

④掌握正确的用药方法。因为规模化养鸭的群体都比较大，多采用将药品拌入饲料中或溶于饮水中的方式给药，很少采用注射法给药。因此，须注意三点：一是投药前要适当停料、停水，保证投药后鸭群能迅速地将拌有药品的饲料采食干净或将溶有药品的水饮用完；二是加入药品的饲料、饮水的数量不要太多，以鸭群可一次性采食、饮用完为宜；三是药品拌入饲料或溶入水中后要立即使用。

⑤不得使用国家禁用药品。

⑥注意掌握休药期。休药期是指从停止向鸭群投药到商品鸭屠宰、上市的间隔时间。大型肉鸭屠宰加工厂对此都有明确的要求，请鸭农朋友严格掌握休药期。

119. 常见用药误区有哪些？

大家都知道，对于发病的鸭，诊断病因是合理用药的前提，有了确切的诊断，才能合理有效地使用药物。但许多养殖户往往根据自身的经验，在鸭发病时，不经过科学诊断，就匆匆用药，往往治疗效果不佳。用某种药物后一看效果不明显，就又换成另外一种药物。结果是频繁更换药品种类，导致疾病得不到有效治疗，还增加了药费开支，造成养鸭的经济效益下降。

(1)不重视使用消毒药。搞好鸭舍、器具的消毒是杀灭或减少病原微生物的最有效的手段，与治疗鸭病相比具有方法简单，安全可靠，花钱不多，效果明显的特点。但是，一些肉鸭养殖户，甚至可以说相当多的肉鸭养殖户不重视消毒工作，预防用药意识差。多在发病时才使用药物治疗，违背了“预防为主，防重于治”的原则，其后果是鸭群疾病发展至中后期才得到治疗，严重影响了治疗效果，且增大了用药成本，经济效益大幅下降。最典型的情况是：有的养鸭户不买消毒药，有的营养户把消毒药拿回去也不用。其主要原因有：一是不了解消毒药的作用，认为那些玩意儿不管用。二是舍不得花钱。三是嫌使用消毒药费事。可当鸭群发病了，你看看养鸭户的表现，心急如焚，四处求医。让买啥药就买啥药，让买多少就买多少，让用几次就用几次。不计代价，舍得花钱，不辞辛苦，无怨无悔。算一算经济账，病死鸭的损失不算，治疗药品钱几倍于消毒药品钱。到底哪种做法合算不是一目了然吗？

(2)**没有根据地盲目用药。**一些养殖大户，在没有对肉鸭疾病进行明确确诊的情况下，就大量使用药物治疗，结果往往适得其反；农村有句俗话：“瞎猫碰上死耗子”。有些养鸭户根本不了解每种药物都有特定的适应范围，而是采取“瞎猫逮死耗子”的方法去用药，用频繁换药的方法试探性的治疗鸭病。最常见的具体表现就是乱用抗生药治疗病毒性疾病。如使用“头孢”类、“沙星”类抗生素治疗鸭传染性病毒性肝炎，到头来药钱没少花，药品没少用，鸭子没少死，治疗失败，损失加大。

(3)**不按规定的剂量、方法用药。**使用剂量上许多兽药产品都是按每千克体重来计算，但大多养殖户不会计算。认为用药剂量越大治疗效果就越好，盲目加大用药量，任意加大剂量一倍甚至几倍。这样盲目地加大用药量，当时可能起到一定的效果，但对肉鸭却造成很大危害，同时也加大了用药成本，与此相反的做法是用药量不足，特别常见的是使用抗生素时，首次用量不加倍，达不到预期治疗效果，还造成病原微生物产生抗药性，使得治疗效果不佳或无效。其结果是既浪费了药费又未治好病，加重了肉鸭的病情。正确的做法应该是：使用抗生素治疗鸭病，首次用量可增加1倍，随后几天用维持药量，一般用药疗程为3～5天。

(4)随意配伍用药。有些养殖户认为，多种药物同时使用可以增强疗效，由于不懂药物成分和相互作用，常造成药物产生拮抗作用。其实有些药物配合使用可以产生协同作用，两种杀菌性抗生素联合使用时，其产生增强作用的机会较多，比如青霉素联用庆大霉素，克林霉素联用红霉素，头孢霉素联用氯霉素，喹诺酮类药物氟哌酸与恩诺沙星联合用，可以产生协同作用。而有些药物配合使用可以产生拮抗作用，杀菌性与抑菌性抗生素联合使用时，一般多表现为无关作用或拮抗作用，比如青霉素联用红霉素、四环素或氯霉素，氟哌酸、土霉素钙和金霉素、盐霉素和莫能霉素都有拮抗作用等。

(5)给药途径不正确。用药途径直接影响到治疗或预防效果。给药途径不当，可导致肉鸭获得药量不足，达不到防治效果或药量超量而药物中毒。

120. 鸭场如何预防传染病？

鸭传染病的流行是一个复杂的矛盾过程，由传染源、传播途径和易感鸭3个环节相互联系而造成的。因此，采取适当防疫措施来消除或切断造成流行的3个环节的相互联系，就会使疫病不发生或不致继续传播。这些措施应包括“养、防、检、治”4个基本内容的综合性措施。综合性防疫措施又分为平时的预防措施和发生疫病时的扑灭措施2方面。

(1)平时预防措施。

①加强饲养管理,切断传染病流行环节。即一栋鸭舍只养同一日龄、同一批次的鸭。因为不同日龄鸭有不同易感或易发的疾病,如果一栋鸭舍饲养着几种不同日龄的鸭,则日龄较大的患病鸭或是已病毒的鸭都可能带菌或带病毒,并可能通过不同的途径排菌或排病毒而传染给易感的小鸭。如此反复,一批一批感染下去,使疾病长期在场内传播,造成经济损失。例如,危害严重的小鸭病毒性肝炎,一旦在鸭群内流行,病鸭病愈后仍可长期带毒排毒,若这批鸭尚未离开鸭舍而又进入另一批易感小鸭,同养在一栋鸭舍内,就为疾病的传播创造了条件。饲养的不同日龄批次越多,则鸭群患病的机会也越多。如果执行"全进全出"的饲养制度,一批鸭转出或淘汰,鸭舍经彻底消毒后再进下一批鸭,就不会有传染源和传播途径存在,这样就安全多了。实践证明,执行"全进全出"的饲养制度是预防疾病、提高成活率和经济效益的最有效的措施之一。

鸭舍通风透气,群饲养密度过大或鸭舍通风不良,常蓄积大量二氧化碳以及由于粪便和垫料发酵腐败而产生的大量有害气体,对饲养人员与鸭群都有不良影响。一般当人进入鸭舍时蹲下感觉眼鼻无刺激感。

鸭舍及环境的清洁消毒,是防止传播疾病的重要措施。平时鸭舍进口处设消毒池,鸭舍或鸭棚内可用百毒杀或过氧乙酸带鸭进行消毒,杀灭空气、鸭体表、网具、地面、墙壁等处的病原体。

②防止由外场或外地引入病鸭子。许多养鸭场都有过此类经验教训,如购入雏鸭而将小鸭肝炎传入,购入种鸭而将鸭

霍乱带入场内。因此，如果必须从外地或外场购入鸭时，一定要到实地考察，千万不要从发病场或发病群或将刚刚病愈的鸭群引入。引入后应先隔离饲养，不要混群。隔离至少 20 天，经检查确认无任何传染病或寄生虫病时，方可入群。鸭场应及时处理病鸭和死鸭。对病死鸭应送兽医诊断室检查，以便及早采取防疫措施。病死鸭应深埋或焚烧或煮沸处理，严禁食用，尤其要严禁饲养员或场内工作人员食用，以免扩散传染。

③定期预防接种。对已有市售疫苗或本地区已有的鸭传染病要进行定期预防接种。如鸭瘟、浆膜炎、鸭肝炎和鸭霍乱等，不要存在侥幸心理。

④搞好卫生消毒和灭鼠工作，进行粪便无害化处理。消毒对象包括：进出鸭场人员、车辆、鸭舍、饲养管理用具、垫草、鸭运动场等。根据不同的消毒对象可采用不同的消毒药剂和方法。鼠类是多种疫病的贮存宿主和传播者，养鸭场的鼠类已成为公害。饲料库、开放式鸭舍，鸭场废物和废弃设备堆集的地方，都是鼠类藏身和繁殖的良好场所。因此，应将消毒、灭鼠作为养鸭场或养鸭户的经常性工作。粪便发酵消毒或做其他无害化处理。

⑤防止与野生水禽直接或间接接触。野生水禽也是某些传染病的寄生虫病（如鸭瘟、鸭球虫等）的贮存宿主和传播者。由于户外饲养家鸭，残留的饲料可招引野生水禽光顾，而与鸭发生密切的接触，污染饲料与水源，致使疾病传播。

⑥防止蛋媒疾病。所谓蛋媒疾病就是能从感染母鸭通过受精蛋传给新孵出后代的疾病。有两种情况，一是病原体在蛋壳和壳膜形成前感染卵巢滤泡（卵巢传递），在蛋的形成过

程中进入鸭蛋，而由鸭蛋内部携带的，如沙门氏杆菌等；二是鸭蛋在产出时或产下后因环境卫生差，病原体污染壳进入蛋内，如一般肠道菌，特别是沙门氏杆菌和大肠杆菌，时而有绿脓杆菌的葡萄球菌以及霉菌。后一种情况是这样发生的，当蛋壳从温热的鸭体产到温度较低的环境时，鸭蛋内部和大气之间便产生压力差，当鸭蛋温度下降时，蛋内的压力也随之下降。蛋壳表面污染的液体便会被迫进入蛋内；有运动力的细菌，不需要这种压力差的帮助，也可由蛋壳的气孔进入蛋经孵化后，形成弱雏或带菌雏，在不良环境等应激因素的影响下，如育雏温度过低，则小雏可能发病或死亡。因此，预防蛋媒疾病是提高雏鸭成活率的重要措施，平时应注意种鸭舍的卫生环境，勤打扫、勤消毒产蛋场地，更换垫草，并保持干燥，以减少粪污蛋。蛋壳表面干净，壳上污染的细菌就会减少。此外，要增加拣蛋次数。孵化用蛋集中后可进行福尔马林熏蒸消毒或用温热(28～40℃)的洗涤剂冲洗，亦可用20℃的0.1%新洁尔灭冲洗，然后晾干，严禁用粪便污染的脏水洗蛋，这不但达不到卫生消毒的目的，反而会扩大污染。

(2)发生疫病时的扑灭措施。

①及时发现疫情并尽快确诊：鸭群中出现传染病的早期症状多为精神沉郁，缩颈，喜卧，眼鼻有分泌物，减食或不食，产蛋量急剧下降。此时应迅速将可疑病鸭隔离观察，并将死亡鸭送兽医部门检验，以便及早作出诊断，采取防治措施。

②隔离病鸭：污染的场地和鸭舍进行紧急消毒，严禁无关人员串圈，以免扩散传染。

③停止向病群引进，确诊后再根据具体情况处理。

④病死鸭深埋或焚烧，粪便发酵处理，垫草焚烧或作为

堆肥。

⑤进行紧急疫苗接种，对病鸭进行合理的治疗，对慢性传染病鸭宜早淘汰。

121.为什么鸡、鸭、鹅不能混养?

由于家禽和家畜之间有一些疫病是共患的，也有一些家畜可以带病原，而将病原传染给家禽，引起家禽发病。例如犬和猫可以携带禽巴氏杆菌而无疾病症状，但可通过粪便或唾液等将细菌传入禽群，就可以引起禽群的暴发。

不同种类的家禽对某些疾病的抵抗力也是不同的，异刺线虫与组织滴虫对鸭的危害并不太大，但是对火鸭和孔雀却是灾难性的。如果在一场内同时饲养这几种家禽，那么火鸭和孔雀很容易因黑头病而造成较大损失，而家鸭却可能有更多的机会暴发鸭新城疫。

不同品种的家禽之间的抵抗力也有很大的差异，如将本地三黄鸭与外来种 AA 鸭等养在同一鸭场内，则本地三黄鸭也许平安无事，但 AA 鸭却时常会出现非典型鸭新城疫等疾病。

不同日龄的家禽对不同的疫病有不同的易感性，禽场内如有几种不同日龄的家禽共存，则日龄较大的患病家禽或是已病愈但仍带毒的家禽随时可将病原传播给日龄小的家禽，因此，从育雏到上市或被淘汰的整个饲养期中，病原可能存在于日龄较大的鸭群中不发病但却可以将病原体传给场内日龄小的敏感雏禽，引起疾病的暴发。因此，日龄档次越多，禽群患病的机会就越大。如雏鹅对小鹅瘟比较敏感，而成年鹅对小鹅瘟具有较强的抵抗力。但雏鹅和成年鹅混群饲养时，成年鹅可将病原传染给雏鹅，造成雏鹅“小鹅瘟”的发生。

由此可知，在条件许可时，最好是专业化生产，一个禽场仅饲养一个品种的家禽，不同日龄间的家禽也应该分开饲养，这样既有利于加强饲养管理，更有利于对家禽疫病的预防。

十一、鸭羽绒生产技术

122. 鸭的羽毛分为哪几种类型?

羽毛是着生于禽体表的羽毛和绒毛的总称。它是表皮的衍生物,起保护皮肤、调节体温、美化机体和区分性别的作用。羽毛按着生部位区分,有头羽、颈羽、腹羽、背羽、翼羽、尾羽等;按形状和结构区分,有真羽、绒羽、发羽之别。

(1)真羽:处于整个羽区最表层,质地较重,又称为正羽。真羽由羽轴和羽片两部分构成。

(2)绒羽:通常被真羽所覆盖,处在羽区的最内层,又称为绒毛。它的质地很轻,能在空中飘飞。绒羽有羽轴、羽枝和羽小枝,但没有带钩状突的羽纤枝,不能互相连接成羽片。

(3)发羽:散生于所有的羽区,纤细如头发,无羽轴、羽片之分,又称纤羽。以喙的基部和眼睑周围最常见。发羽保温性能差。

123. 羽绒的理化特征有哪些?

(1)千朵重和羽枝长度:与羽绒的弹性和蓬松率有关,是衡量羽绒质量的指标之一,千朵重越重,羽枝越长,细度越大,质量越好。用上述指标评定,鸭胸部羽绒质量较好。就品种而言，大型白羽肉鸭及其杂交鸭绒羽质量较高。

(2)**蓬松度**：是反映绒羽在一定压力下保持最大体积的能力，是羽绒制品保持特定风格和具有保暖性的内在因素，是评定绒羽质量的指标之一。

(3)**透明度和耗氧指数**：是反映绒羽清洁度及其所含还原物质多少的指标，随绒羽的清洁程度的状况而变化。

(4)**含脂率**：羽绒的脂肪对水禽的浮游、保暖和抗病都很重要。

124. 羽毛有哪些经济用途？

中国羽绒资源丰富，产量居世界首位，是我国重要的出口物资。羽毛用途广泛，主要有：

(1)**作防寒保温材料。**绒羽质地蓬松柔软，富有弹性，具有良好的保温性能，是高级的防寒保温填充材料，可制成羽绒衣、被、枕、帽、睡袋等多种生活用品。

(2)**制作文化体育用品。**正羽特别是鹅、鸭的主翼羽、副主翼羽，可加工制作羽毛扇、羽毛球、板球等用品。

(3)**制作工艺品。**具有天然颜色的羽毛，可制作羽毛花、羽毛画以及其他各种装饰品。白色的羽毛可进行人工染色，制作出各种色彩绚丽的手工艺品。

(4)**做蛋白质饲料。**经加工处理后，可做成畜禽的蛋白质饲料。

(5)**用作化工用品。**羽毛中的角蛋白质，经化学处理，制成高黏度的蛋白溶液，可加工成多种化工产品。

125. 怎样对鸭的羽绒和羽毛进行收集加工?

鸭的身上、颈部、尾部、翅膀上的毛和腹部、背部的绒毛，经过加工处理及消毒灭菌可制成体轻松软、弹性好、保温、防寒能力强的羽绒和羽毛。其经济效益颇高。羽毛、羽绒的收集和加工方法如下：

(1)羽毛、羽绒的收集。手工收集方法有两种：一是湿拔，将宰杀后的鸭放在70℃左右的热水中浸烫2～3分钟，取出后拔毛。注意水温不要过高，浸烫不要过久，以免毛绒卷曲、收缩、色泽暗淡。二是干拔，将鸭宰杀后，趁体温尚未变冷之前抓紧拔毛，可保持原来的色泽与品质。

(2)清洗和储存。收集起来的羽毛要及时清洗处理，否则易变色、发霉甚至腐烂。清洗方法：将收集的湿、干羽毛用温水洗一两次，除去灰尘、泥土和污物。然后薄薄地摊在席上，在阳光下晾晒干。为防止风吹，可覆盖黑布或纱布罩。晒干后用细布袋装好，扎紧口，放在通风干燥处保存，备用加工。

(3)加工。用60～70℃的肥皂水，加入少量纯碱进行清洗脱脂，洗后再用清水洗干净。注意水温不可过高，也不可过分搓拧，洗后及时晒干或烘干。将清洗脱脂的羽毛、羽绒装在细布袋内扎好口，放在蒸锅屉上，待水开后上笼，蒸30～40分钟取出；第2天再用同样的方法蒸1次。将经过消毒灭菌的羽毛、羽绒，用细布袋装好，晒干。经过加工的羽毛、羽绒可做絮被、衣服、枕头。做絮被填料，可取羽毛3份与羽绒7份，相混合使用；做衣服填料，一般都用羽绒；做枕头填料，可取羽毛6份、羽绒4份混合。

126. 怎样选择活拔羽绒的鸭？

活拔羽绒的鸭最好是肉用品种，因为肉用品种体型大、产毛多，经济效益高，羽色最好是白色，幼龄和老龄不宜拔毛。后备鸭 90～120 日龄新陈代谢旺盛，抗病力强，肌肉组织长好，羽绒长齐，可进行第 1 次拔羽绒。一般间隔 40～45 天拔一次。最后一次活拔羽绒应在产蛋前 45 天进行，以便让母鸭有充分的时间补充营养，恢复体力，长齐羽绒，不致使繁殖性能受到影响。产蛋期不能活拔羽绒，否则会导致产蛋量急剧下降。换羽期的羽绒含绒量少，又极易拔破皮肤，不宜拔羽。休产期限，可拔 2～3 次，成年公鸭可常年拔羽。

127. 哪些鸭不宜活拔毛？

一是尚未成年的鸭。这些鸭，正在生长发育阶段。如果活拔毛，不仅羽绒数量少，还会使鸭的生长速度变慢。

二是体弱多病的鸭。鸭如果体弱多病，抵抗力就差，活拔毛后，往往会感染疾病，或者使原有的病情加剧，甚至导致死亡。

三是饲养多年的鸭。特别是已饲养 5 年左右的老鸭，其新陈代谢的功能下降，羽绒的再生能力不强，活拔毛不仅经济效益不高，对产蛋也不利。

四是出口创汇的鸭。这些肉鸭，出口的质量要求高，若在活拔毛时弄伤皮肤，就会留下疤痕，妨碍出口。

128.活拔羽绒的步骤有哪些?

(1)活拔羽绒适宜时期的选择。活拔羽绒的适宜时期应根据羽绒生长规律、活拔羽绒后对生长发育和产蛋性能有无影响来决定。活拔羽绒后,鸭需35～40天;活拔羽绒后对增重无明显影响;产蛋期活拔羽绒对产蛋量有明显影响,甚至增加补饲量和提高日粮营养水平也不能完全补偿,而且对种蛋的受精率也有影响。

(2)活拔羽绒的操作。

①活拔羽绒前的准备。拔羽前一天晚上停止喂食,待鸭排空粪便,拔羽当天清晨放鸭下水游泳,洗净禽体,然后赶入围栏内,等待羽毛晾干后拔羽。准备好收集片毛和绒羽的塑料袋。

②鸭的保定。拔羽术者坐在矮凳上,使鸭胸腹部朝上,头朝后,将鸭胸部朝上平放在术者的大腿部。再用两腿将鸭的头颈和翅夹住。

③拔羽绒的顺序。先从胸上部开始拔,由胸到腹,从左到右。胸腹部拔完后,再拔体侧、腿侧、尾根和颈、背部的羽绒。在拔每一部位时都是先拔片羽,后拔绒羽。混合拔羽,绒羽不易拔干净,且飞丝增多。主、副翼羽和尾羽可不拔。拔羽时如发现毛根带血,说明羽毛未长成熟,应延迟拔羽时间,等羽根不带血时再拔。

④拔羽绒的手法。用左手按压住鸭的皮肤,右手的拇指和食指、中指拉着羽毛的根部,每次适量,顺着羽毛的尖端方

向，用巧力迅速拔下，将片羽和绒羽分别装入袋中。在拔羽过程中，如出现小块破皮，可涂红药水或紫药水。经1～2次拔羽绒的鸭逐渐习惯，反抗减弱，毛囊比较松弛，更容易拔羽。

(3)活拔羽绒的注意事项。鸭体活拔羽绒时会出现不同程度的破皮、出血等刺激，使鸭体受到一定损伤，至少有轻微的毛孔出血现象。因此，活拔羽绒时应注意以下几方面。

①体弱营养不良或病态鸭不能进行活拔羽绒，应挑出来不拔。这样的鸭羽既不好拔又会影响鸭体健康。

②活拔羽绒后不让鸭下水洗浴，防止伤口感染、愈合慢，影响健康。可根据皮肤伤口情况决定何时可以下水。一般是4～7天内不让活拔羽绒后的鸭下水洗浴。另外要保持促进内垫料（草）清洁，舍外运动场夏天应有凉棚，防止鸭体受雨淋和太阳直射引起中暑。

③活拔羽绒后3～4天内如食欲不佳，属正常现象，经两三天后即会恢复正常。主要是因为活拔羽绒刺激皮肤使鸭紧张，引起体温升高，只要加强饲养管理就可以。

④如拔羽过程中保定不当或鸭紧张引起脱肛，要用2%高锰酸钾液洗净脱肛部位托送回去，几天就好。

⑤活拔羽绒只要舍外温度不低于零下15℃，就可以进行。但拔后鸭应在舍内饲养2～3天。

此外，现在还出现采用药物活拔羽绒技术。利用鸭生长阶段和停产换羽期进行活拔毛，不影响鸭的生长发育和产蛋性能，还可防止因自然换羽造成羽绒乱飞，影响环境卫生。增加羽绒产量，降低了种鸭的饲养费用，提高了养鸭的经济效益。

129. 如何对活拔羽绒后的鸭进行饲养管理?

活拔羽后，大多数鸭会出现不适应的现象，常常引起生理机能暂时紊乱，如精神不佳，摇摇晃晃，站立不稳，愿站不愿睡，胆小怕人，食欲减退等，一般经过3～5天可基本恢复正常。拔羽后皮肤裸露，没有羽绒保护，3天内不宜放牧游水，切忌暴晒、淋雨，1周以后可照常放牧。舍内要保持清洁卫生，干燥防湿，最好铺以柔软干净的垫料，夏季要防止蚊虫叮咬。

为加快羽绒的生长，拔羽后的最初一段时间应喂精料，精料的营养水平宜保持每千克含粗蛋白质16.5%～17.5%、代谢能11.75兆焦耳左右，这个营养水平对羽绒再生和后备鸭的生长都是必要的。若在饲料中加入1%～2%的水解羽毛粉等蛋白质饲料，则能更好地满足羽绒生长对营养物质的需要。

十二、肥肝生产技术

130. 怎样选择肥肝生产的鸭？

品种是影响肥肝生产的首要因素。通常情况下，肉用性能越佳，体型越大的鸭品种，肥肝平均重越大。而产蛋较多的小型鸭品种，通常肥肝较小。

在实践当中，为了提高肥肝的生产能力，通常采用肥肝生产性能好的大型品种作父本，用繁殖力高的品种作母本，进行杂交，利用杂种一代生产肥肝。在这种情况下，种母鸭提供的雏鸭较多，杂种鸭又因为生长发育快、适应性增强而有利于肥肝的生产。

131. 如何填饲肥肝生产鸭的饲料？

(1)填饲饲料。玉米是生产肥肝的最好饲料。因为玉米含能量高，容易转化为脂肪积贮；如果是陈玉米则效果更好，这是因为陈玉米的水分少，胆碱含量低，含磷量也低，每千克玉米含胆碱 441 毫克，而燕麦为 958 毫克，大麦为 991 毫克，小麦为 1 205 毫克，胆碱能促进脂肪的转移，保护肝脏不让脂肪大量积贮，但不利于肥肝的形成。研究试验证明，用玉米做填饲饲料，生产的肥肝重量，均比稻谷、大麦、薯干作饲料的高。玉米组的平均肥肝重比稻谷组高 20%，比大麦组高 31%，比薯干组高 45%，比碎米组高 27%。生产实践中也发现，玉米质量，即类型、色泽、含水量、纯度的不同，对填饲效果也有一定的影响。国产的小粒种黄玉米比进口马齿种玉米好填，因为后者粒大，螺旋推运器在运转时，容易将玉米轧住而无法推进。玉米的色泽对肥肝的颜色也有影响，如用黄玉米或红玉米填成的鸭肥肝，色泽较深；而用白玉米填成的鸭肥肝，色泽就较淡。玉米以优质无霉的陈玉米为最好，主要考虑其含水量低等原因外，价格相对便宜也是重要原因。

(2)饲料的调制方法。试验证明，用粒状玉米比粉状玉米填饲效果好，因为玉米粉碎成粉状后，粒间空隙多，体积大，影响填饲数量。玉米粒的加工方法有以下 3 种。

①干炒法。将玉米在铁锅内用文火不停翻炒，至粒色深黄，八成熟为宜，切忌炒熟，炒煳。炒完后装袋备用，填饲前用温水浸泡 1～1.5 小时，至玉米粒表皮展开为度。随后沥去水分，加入 0.5%～0.1%的食盐，搅匀后填饲。另一种炒玉米的方法是将玉米倒在能滚动（电动带动）的锅里加热炒，较人工翻炒熟的均匀程度更好，由于火旺，炒得更快，但设备投资较高。

②水煮法。把玉米倒入开水锅内，使水面浸没玉米 5～10 厘米，煮 3～5 分钟，捞出沥去水分。这样每千克玉米经煮熟后重量 1.2～1.3 千克。然后趁热加入占玉米重量 1%～2%猪油和 0.3%～1%的食盐，充分搅拌均匀即可填用。

③浸泡法。将玉米粒置于冷水中浸泡 8～12 小时，随后沥干水分，加入 0.5%～1%的食盐和 1%～2%的动（植）物油脂。上述玉米的 3 种调制方法均可获得良好的填饲效果，比

较起来以浸泡法最为经济易行，可节省劳力和调制加工费用。在填肥试验和生产所用的玉米中，有加油的，也有不加油的，均取得良好效果。但加油可增加填料中的热能，润滑填饲机管道和鸭的食道，便于填饲操作，对肥肝生产有利。

(3)填饲工艺。鸭的填饲时间一般为2～3周。

开始填饲时，日填饲量要少些，小型鸭为200～400克，第3天即可增加到500克左右，以后则要尽可能多填、填饱、填足。最后小型鸭的平均日填饲量为500～650克，大、中型鸭则为750～1 000克，甚至更多。适宜的日填饲次数一般为3～5次，这是指用粒状料。如果用糊状料，则要增加填饲次数。填饲期饲养密度为4～5只/米^2。

(4)填饲的操作。填饲方法可分为手动填饲和机械填饲两种。由于人工填饲劳动强度大，工效低，所以多为民间传统生产中使用，而商品化批量生产中一般都使用机械填饲。机械填饲机有手摇填饲机和电动填饲机。根据中国填鸭颈细长的特点，国内已研制出多种型号的鸭填饲机。鸭用填饲管延长到50厘米，容易插到鸭的食道膨大部，进行自下而上的填饲，效果很好。机械填饲时，填料人坐在滑车上，用两条腿控制滑车的进退。左手抓住鸭头，食指和大拇指挤压鸭喙的基部将其口掰开，右手拇指将鸭舌向前向下压向下颚，然后将口腔移向喂料管，使上颚紧贴填饲管的管壁，慢慢将填料管插入食道膨大部，食道和填饲管要保持在一条直线上，此时鸭颈要伸直，并用左手握住喙，右手握住填料管出口的膨大部，然后踏动开关，将玉米推进食道下部，先将下部填满，再逐渐将填饲管往上退，边退，边填，将玉米一直填到距咽喉5厘米处停填。填完后，左手抓住鸭头，右手顺食道方向向下轻轻捋2～

3 次，以防鸭甩料或吸气时将玉米吸入气管。

132. 如何掌握填饲时间和填饲量？

通常每天填饲 4 次，每隔 6 小时填 1 次，每次的填饲量（指带水饲料的重量）约为鸭体重的 1/12，以后每天填饲量可增加 30～50 克湿料，1 周后，每次可填 300～500 克。在凉爽季节，鸭子消化好，可适当多填，应根据具体情况灵活掌握。填饲时要注意观察，发现嗉囊内有未消化的积食，应考虑少填或不填，以防消化不良或撑死。

133. 如何对肥肝生产的鸭进行饲养管理？

生产鸭肥肝的全过程分为两段，即预饲期和填饲期。

(1)预饲期。鸭从非填饲期进入填饲期，在饲养管理上有许多明显的不同。一般在填饲期前，须进行预饲期，预饲期通常为 2～3 周。在预饲期，让鸭逐步完成由放牧到舍饲、由自由采食到强制填饲、由定额饲喂到超额饲喂的转变，并在这个转变中，增强鸭的体质，锻炼鸭的消化器官，加强肝细胞的贮能机能，适应新的饲养管理。

预饲期的饲养管理：肉用仔鸭多以放牧为主，转入预饲期后，要逐步减少放牧、放水的时间和次数，到预饲结束前几天停止放牧、放水，以适应填饲阶段的关养。预饲期每天喂料 3 次，可分别在 8:00、14:00、19:00 时进行，自由采食，给食量逐步增加，让其习惯于采食玉米粒，为适应填饲作准备。除放牧采食青绿饲料外，还可酌情补充青绿饲料，不限量，以使鸭的消化道逐渐膨大、柔软,便于填饲。舍内饲养密度,以每平方米 3～4 只鸭为宜,每圈以不超过 20 只为好。在气温较低的季节,圈内要经常打扫和更换垫草。舍内光线宜暗淡,保持安静。

(2)填饲期的饲养管理。为了让填饲鸭得到充分的休息,多长肥肝,必须严格关养,不让鸭运动和游泳。鸭舍要冬暖夏凉,通气良好,保持清洁、安静和少光。要保证鸭有充足的清洁饮水,还可在每升饮水中加 1 克食用苏打。整个育肥期内要供饲沙砾,填饲后期,鸭十分脆弱,要特别谨慎,轻提轻放,减少对鸭的惊扰。饲养密度应控制在每平方米 2～3 只,如果密度大,互相拥挤碰撞,会影响肥肝的产量和质量。填饲鸭可以平养、网养、笼养。

134.影响鸭肥肝生产的因素有哪些?

(1)品种。品种是影响肥肝生产的首要因素,不同品种肥肝性能差异很大。选择肥肝性能好的品种,将为肥肝生产打下良好的基础。进行品种间或品系间杂交,选择优秀肝用杂交组合,利用杂种优势生产肥肝是提高肥肝生产水平的有效途径。

(2)体重。体重大的品种肥肝性能优于体重小的品种。一般而言,在同一品种内,体重大的鸭生长发育良好,腹腔容积大,有利于养分转化为脂肪在肝脏中沉积。

(3)填饲技术。在生产条件基本相同的情况下,不同填饲员之间的填饲效果差异很大。

(4)饲料。饲料质量和饲料的配制直接影响到肥肝的增重，应选择优质玉米作填料，要求无霉变，水分含量低。由于强制填饲是一个很强的应激因素，应添加食盐促进消化，添加多种维生素增强抗应激能力。

135. 怎样做好屠宰取肝与肥肝的保鲜？

(1)肥肝鸭的屠宰。

①宰杀、放血。抓住鸭的双腿，倒挂在宰杀架上，头部向下，采用人工割断气管和血管的方式放血。一般放血时间为5分钟左右，放血应充分，充分放血后的屠体皮肤白而柔软，肥肝色泽正常；放血不干净色泽暗红，肥肝淤血，影响质量。

②浸烫。宰杀放血后，立即浸烫。烫毛的水温要适度，一般为65～68℃，时间大约为1分钟。水温不宜过高，时间也不宜太长，否则毛绒卷曲抽缩，色泽变劣，脱毛时皮肤易破损，严重者影响肥肝质量；水温太低又不易拔毛。浸烫时屠体必须在热水中翻动，使受热均匀，身体各部位的羽毛都能完全湿透。

③脱毛。浸烫到位后的鸭应立即脱毛。脱毛分机械脱毛和人工脱毛两种。由于肥肝很大，部分在腹腔，使用脱毛机脱毛容易损坏肥肝，因此一般采用手工拔毛。拔毛时将屠体放在桌上，趁热先将鸭胫、蹼和喙上的表皮脱去，然后左手固定屠体，右手依次拔翅羽、背尾羽、颈羽和胸腹部羽毛。拔完粗大的毛后开始拔细毛，将屠体放入盛满清水的拔毛池中，依次拔去尾背、两翅之间、胸腹部和颈部残存的毛，拔毛同时，往池中不断放水，保持长流水，使池中水不断外溢，以淌除漂浮在水面上的羽毛。手工不易拔尽的纤羽，可用酒精喷灯火焰燎

除，最后将屠体清洗干净。拔毛时不要碰撞腹部，也不可互相推压，以免损伤肥肝。

④预冷。刚脱毛的屠体不能马上取肝，因为鸭的腹部充满脂肪，腹脂的熔点很低，为 32～38℃，不预冷取肝会使腹脂流失；由于肥肝脂肪含量高，非常软嫩，内脏温度未降下来就取肝容易损坏肝脏。因此应将屠体预冷，使其干燥，脂肪凝结，内脏变硬而又不冻结，才便于取肝。将屠体平放装盘或放在特制的金属架上，背部向下，胸腹部朝上，置于温度为 4～10℃的冷库预冷 18 小时。

(2)肥肝鸭的剖腹与取肝。操作者将屠体放置在操作台上，胸腹部向上，尾部朝向操作者，左手按住屠体，右手持刀。剖腹方法有以下 3 种。

①横向剖腹法。用刀沿龙骨后缘横向从右向左割开腹部皮脂，用左手伸入腹腔，挑起腹膜，刀刃向上，自左向右割开腹腔，将两侧刀口扩大至双翅基部，然后把屠体移至操作台边，背腰部紧贴台边的棱角上，左手按住双腿和腹部，右手按住胸部，两手同时用力下压，掰开屠体，使肝脏裸露。

②仿法式剖腹法。从腹线正中横向切开皮肤，再从横向切口的中点沿腹线向下纵向切开皮肤到肛门为止，整个切口呈丁字形，皮肤切开后，下刀不要太猛，以免损伤肝脏，分离皮下脂肪，使肥肝裸露。

③开胸剖腹法。用刀从龙骨前端沿龙骨脊左侧向龙骨后端划破皮脂，然后用刀从龙骨后端向肛门处沿腹中线割开皮脂和腹膜，从裸露胸骨处，用外科骨钳或大剪刀从龙骨后端沿龙骨脊向前剪开胸骨，打开胸腔，使内脏暴露。屠体剖开后，应仔细将肥肝与其他脏器分离，取肝时应特别小心。操作时

不能划破肥肝,分离时不能划破胆囊,以保持肝体完整。如不慎胆囊破裂,应立即用水将肥肝上的胆汁冲洗干净。操作人员每取完 1 只肥肝,用清洁水冲洗一下双手。取出的肥肝应适当整修处理,用小刀切除附在肝上的神经纤维、结缔组织、残留脂肪和胆囊的绿色渗出物,切除肝上的淤血、出血斑和破损部分,放入 0.9%的盐水中浸泡 10 分钟,捞出后沥干水,称重分级。并按不同等级进行包装和装箱。在冷库 −18～−20℃ 条件下,可保存 2～3 个月。

强制换羽成败标准,是看主翼羽脱落根数。种鸭共有 10 根主翼羽,如果换了 5 根以上就算成功,不足 5 根者说明换羽不完全。从停水、停食到开产的时间,60 天左右为成功,时间过早说明换羽不完全,将来产蛋上不去,或产蛋期短,如果超过 70 天才开产,说明太慢,经济上划不来。停水、停食到开产时,种鸭死亡率在 5%以内是成功的。

参考文献

[1] 张秀美. 肉鸭健康养殖新技术. 济南:山东科学技术出版社,2008.
[2] 周海伟. 鸭的实用技术. 北京:中国民艺出版社,2006.
[3] 岳永生. 养鸭手册. 北京:中国农业大学出版社,1999.
[4] 曾凡同. 养鸭全书(第2版). 成都:四川科学技术出版社,1999.
[5] 杜文兴,周俊. 鸭无公害饲养综合技术. 北京:中国农业出版社,2003.
[6] 黄仁录,赵国先. 肉鸭标准化生产技术. 北京:中国农业大学出版社,2003.
[7] 岳永生. 肉鸭养殖技术. 北京:中国农业大学出版社,2003.